国家科学技术学术著作出版基金资助出版

中国科学院中国孢子植物志编辑委员会　编辑

中 国 海 藻 志

第四卷　绿藻门

第二册

管枝藻目　海松藻目

蕨藻目　羽藻目　绒枝藻目

丁兰平　主编

中国科学院知识创新工程重大项目

国家自然科学基金重大项目

（国家自然科学基金委员会　中国科学院　科技部　资助）

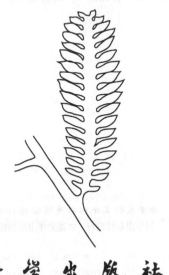

科学出版社

北　京

内 容 简 介

本书介绍了我国海洋绿藻门绿藻纲的五个目：管枝藻目、海松藻目、蕨藻目、羽藻目和绒枝藻目，共收入 10 科 29 属 120 种及 3 变种和 5 变型。目、科、属都有形态特征的描述，每种都有中名、学名及/或异名，文献考证，形态、构造及生殖结构，生境，产地及地理分布等报道，并附有形态解剖图 123 幅，书末有 30 个种的外形图版。书中还包括目、科、属、种的中文及种的英文检索表，以及主要的参考文献和索引。

本书可供藻类学、环境科学等领域的科研人员及高等院校师生参考，也可供海水养殖、藻类资源开发、水体环境保护等工作者参考。

图书在版编目（CIP）数据

中国海藻志. 第四卷. 绿藻门. 第二册, 管枝藻目　海松藻目　蕨藻目　羽藻目　绒枝藻目 / 丁兰平主编. —北京：科学出版社，2023.1
ISBN 978-7-03-073551-5

Ⅰ．①中… Ⅱ．①丁… Ⅲ．①海藻—植物志—中国 ②绿藻门—植物志—中国 Ⅳ．①Q949.208

中国版本图书馆 CIP 数据核字（2022）第 195443 号

责任编辑：韩学哲　刘新新 / 责任校对：严　娜
责任印制：吴兆东 / 封面设计：刘新新

科学出版社 出版
北京东黄城根北街 16 号
邮政编码：100717
http://www.sciencep.com
北京虎彩文化传播有限公司 印刷
科学出版社发行　各地新华书店经销
*
2023 年 1 月第 一 版　开本：787×1092　1/16
2023 年 1 月第一次印刷　印张：13　插页：2
字数：309 000
定价：268.00 元

（如有印装质量问题，我社负责调换）

Supported by the National Fund for Academic Publication in Science and Technology

CONSILIO FLORARUM CRYPTOGAMARUM SINICARUM
ACADEMIAE SINICAE EDITA

FLORA ALGARUM MARINARUM SINICARUM

TOMUS IV   CLOROPHYTA

NO. II SIPHONOCLADALES, CODIALES, CAULERPALES, BRYOPSIDALES, DASYCLADALES

REDACTOR PRINCIPALIS
Ding Lanping

**A Major Project of the Knowledge Innovation Program
of the Chinese Academy of Sciences**
A Major Project of the National Natural Science Foundation of China
(Supported by the National Natural Science Foundation of China,
the Chinese Academy of Sciences, and the Ministry of Science and Technology of China)

Science Press
Beijing

第四卷　绿藻门

第二册
管枝藻目　海松藻目
蕨藻目　羽藻目　绒枝藻目

编著者
丁兰平　黄冰心
（天津师范大学、汕头大学）

曾呈奎　陆保仁
（中国科学院海洋研究所）

栾日孝
（大连自然博物馆）

Auctores

Ding Lanping　Huang Bingxin

(Tianjin Normal University, Shantou University)

Tseng C.K.　Lu Baoren

(Institute of Oceanology, Chinese Academy of Sciences)

Luan Rixiao

(Dalian Museum of Natural History)

序

　　中国孢子植物志是非维管束孢子植物志，分《中国海藻志》、《中国淡水藻志》、《中国真菌志》、《中国地衣志》及《中国苔藓志》五部分。中国孢子植物志是在系统生物学原理与方法的指导下对中国孢子植物进行考察、收集和分类的研究成果；是生物物种多样性研究的主要内容；是物种保护的重要依据，对人类活动与环境甚至全球变化都有不可分割的联系。

　　中国孢子植物志是我国孢子植物物种数量、形态特征、生理生化性状、地理分布及其与人类关系等方面的综合信息库；是我国生物资源开发利用、科学研究与教学的重要参考文献。

　　我国气候条件复杂，山河纵横，湖泊星布，海域辽阔，陆生和水生孢子植物资源极其丰富。中国孢子植物分类工作的发展和中国孢子植物志的陆续出版，必将为我国开发利用孢子植物资源和促进学科发展发挥积极作用。

　　随着科学技术的进步，我国孢子植物分类工作在广度和深度方面将有更大的发展，对于这部著作也将不断补充、修订和提高。

中国科学院中国孢子植物志编辑委员会

1984 年 10 月·北京

中国孢子植物志总序

　　中国孢子植物志是由《中国海藻志》、《中国淡水藻志》、《中国真菌志》、《中国地衣志》及《中国苔藓志》所组成。至于维管束孢子植物蕨类未被包括在中国孢子植物志之内，是因为它早先已被纳入《中国植物志》计划之内。为了将上述未被纳入《中国植物志》计划之内的藻类、真菌、地衣及苔藓植物纳入中国生物志计划之内，出席1972年中国科学院计划工作会议的孢子植物学工作者提出筹建"中国孢子植物志编辑委员会"的倡议。该倡议经中国科学院领导批准后，"中国孢子植物志编辑委员会"的筹建工作随之启动，并于1973年在广州召开的《中国植物志》、《中国动物志》和中国孢子植物志工作会议上正式成立。自那时起，中国孢子植物志一直在"中国孢子植物志编辑委员会"统一主持下编辑出版。

　　孢子植物在系统演化上虽然并非单一的自然类群，但是，这并不妨碍在全国统一组织和协调下进行孢子植物志的编写和出版。

　　随着科学技术的飞速发展，人们关于真菌的知识日益深入的今天，黏菌与卵菌已被从真菌界中分出，分别归隶于原生动物界和管毛生物界。但是，长期以来，由于它们一直被当作真菌由国内外真菌学家进行研究；而且，在"中国孢子植物志编辑委员会"成立时已将黏菌与卵菌纳入中国孢子植物志之一的《中国真菌志》计划之内并陆续出版，因此，沿用包括黏菌与卵菌在内的《中国真菌志》广义名称是必要的。

　　自"中国孢子植物志编辑委员会"于1973年成立以后，作为"三志"的组成部分，中国孢子植物志的编研工作由中国科学院资助；自1982年起，国家自然科学基金委员会参与部分资助；自1993年以来，作为国家自然科学基金委员会重大项目，在国家基金委资助下，中国科学院及科技部参与部分资助，中国孢子植物志的编辑出版工作不断取得重要进展。

　　中国孢子植物志是记述我国孢子植物物种的形态、解剖、生态、地理分布及其与人类关系等方面的大型系列著作，是我国孢子植物物种多样性的重要研究成果，是我国孢子植物资源的综合信息库，是我国生物资源开发利用、科学研究与教学的重要参考文献。

　　我国气候条件复杂，山河纵横，湖泊星布，海域辽阔，陆生与水生孢子植物物种多样性极其丰富。中国孢子植物志的陆续出版，必将为我国孢子植物资源的开发利用，为我国孢子植物科学的发展发挥积极作用。

中国科学院中国孢子植物志编辑委员会

主编　曾呈奎

2000年3月　北京

Foreword of the Cryptogamic Flora of China

Cryptogamic Flora of China is composed of *Flora Algarum Marinarum Sinicarum*, *Flora Algarum Sinicarum Aquae Dulcis*, *Flora Fungorum Sinicorum*, *Flora Lichenum Sinicorum*, and *Flora Bryophytorum Sinicorum*, edited and published under the direction of the Editorial Committee of the Cryptogamic Flora of China, Chinese Academy of Sciences (CAS). It also serves as a comprehensive information bank of Chinese cryptogamic resources.

Cryptogams are not a single natural group from a phylogenetic point of view which, however, does not present an obstacle to the editing and publication of the Cryptogamic Flora of China by a coordinated, nationwide organization. The Cryptogamic Flora of China is restricted to non-vascular cryptogams including the bryophytes, algae, fungi, and lichens. The ferns, a group of vascular cryptogams, were earlier included in the plan of *Flora of China*, and are not taken into consideration here. In order to bring the above groups into the plan of Fauna and Flora of China, some leading scientists on cryptogams, who were attending a working meeting of CAS in Beijing in July 1972, proposed to establish the Editorial Committee of the Cryptogamic Flora of China. The proposal was approved later by the CAS. The committee was formally established in the working conference of Fauna and Flora of China, including cryptogams, held by CAS in Guangzhou in March 1973.

Although myxomycetes and oomycetes do not belong to the Kingdom of Fungi in modern treatments, they have long been studied by mycologists. *Flora Fungorum Sinicorum* volumes including myxomycetes and oomycetes have been published, retaining for *Flora Fungorum Sinicorum* the traditional meaning of the term fungi.

Since the establishment of the editorial committee in 1973, compilation of Cryptogamic Flora of China and related studies have been supported financially by the CAS. The National Natural Science Foundation of China has taken an important part of the financial support since 1982. Under the direction of the committee, progress has been made in compilation and study of Cryptogamic Flora of China by organizing and coordinating the main research institutions and universities all over the country. Since 1993, study and compilation of the Chinese fauna, flora, and cryptogamic flora have become one of the key state projects of the National Natural Science Foundation with the combined support of the CAS and the National Science and Technology Ministry.

Cryptogamic Flora of China derives its results from the investigations, collections, and classification of Chinese cryptogams by using theories and methods of systematic and evolutionary biology as its guide. It is the summary of study on species diversity of cryptogams and provides important data for species protection. It is closely connected with human activities, environmental changes and even global changes. Cryptogamic Flora of

China is a comprehensive information bank concerning morphology, anatomy, physiology, biochemistry, ecology, and phytogeographical distribution. It includes a series of special monographs for using the biological resources in China, for scientific research, and for teaching.

China has complicated weather conditions, with a crisscross network of mountains and rivers, lakes of all sizes, and an extensive sea area. China is rich in terrestrial and aquatic cryptogamic resources. The development of taxonomic studies of cryptogams and the publication of Cryptogamic Flora of China in concert will play an active role in exploration and utilization of the cryptogamic resources of China and in promoting the development of cryptogamic studies in China.

C.K. Tseng

Editor-in-Chief

The Editorial Committee of the Cryptogamic Flora of China

Chinese Academy of Sciences

March, 2000 in Beijing

《中国海藻志》序

中国有一个很长的海岸线，大陆沿岸 18 000 多公里，海岛沿岸 14 200 多公里和 300 万平方公里的蓝色国土，生长着三四千种海藻，包括蓝藻、红藻、褐藻及绿藻等大型底栖藻类和硅藻、甲藻、隐藻、黄藻、金藻等小型浮游藻类，分布在暖温带、亚热带和热带三个气候带，包括北太平洋植物区和印度西太平洋植物区两个区系地理区。中国的底栖海藻多为暖温带、亚热带和热带海洋植物种类，但也有少数冷温带及极少数的北极海洋植物种类。

中国底栖海藻有 1000 多种。最早由英国藻类学家 Dawson Turner（1809）在他的著名著作《墨角藻》（*Fuci*）一书里就发表了中国福建和浙江生长的 *Fucus tenax*，即现在的一种红藻——鹿角海萝，福建本地称之为赤菜 *Gloiopeltis tenax*（Turn.）Decaisne。Turner（1808）还发表了 Horner 在中国与朝鲜之间水域中采到的 *Fucus microceratium* Mert.，即 *Sargassum microceratium*（Mertens）C. Agardh，现在我们认为是海蒿子 *Sargassum confusum* C. Agardh 的一个同物异名。在 Dawson Turner 之后，外国科学家继续报道中国海藻的还有欧美的 C. Agardh（1820），C. Montagne（1842），J. Agardh（1848，1889），R. K. Greville（1849），G. V. Martens（1866），T. Debeaux（1875），B. S. Gepp（1904），A. D. Cotton（1915），A. Grunow（1915，1916），M. A. Howe（1924，1934），W. A. Setchell（1931a，1931b，1933，1935，1936），V. M. Grubb（1932）和日本的有贺宪三（1919），山田幸男（1925，1942，1950），冈村金太郎（1931，1936），野田光造（1966）。

最早采集海藻标本的中国植物学家是厦门大学的钟心煊教授。钟教授在哈佛大学学习时就对藻类很感兴趣，20 世纪 20 年代初期到厦门大学教书时，他继续到福建各地采集标本。在采集中，他除了注意他专长的高等植物之外，还采集了所遇到的藻类植物，包括海藻类和淡水藻类。但钟教授只是限于采集标本和把标本寄给国外的专家，特别是美国的 N.L.Gardnar 教授，他从来不从事研究工作。最早开展我国底栖海藻分类研究的是曾呈奎。他在 1930 年担任厦门大学植物系助教时就开始调查采集海藻，第一篇论文发表于 1933 年初。南京金陵大学焦启源于 1932 年夏天到厦门大学参加暑期海洋生物研究班，研究了厦门大学所收集的海藻标本，包括冈村金太郎定名的有贺宪三所采集的厦门标本，于 1933 年也发表了一篇厦门底栖海藻研究的论文，可惜的是他在这篇文章发表之后便不再继续海藻研究而进行植物生理学研究了。第三个采集和研究中国底栖海藻的中国人是李良庆教授。李教授 1933~1934 年间在青岛和烟台采集了当地的海藻标本，并把标本寄给曾呈奎，以后两人共同发表了"青岛和烟台海藻之研究"一文（1935）。此后，李教授继续他的淡水藻类的分类研究，但海藻的分类研究便停止了。因此，在 20 世纪 30 年代到 40 年代一直从事中国海藻分类的研究者只有曾呈奎一人。20 世纪 40 年代后期，曾呈奎从美国回到了在青岛的国立山东大学担任植物系教授兼系主任，有两个得力助手张峻甫和郑柏林，共同从事底栖海藻分类研究。20 世纪 50 年代，张峻甫同曾呈奎一起到中国科学院海洋研究所（及其前身中国科学院水生生物研究所青岛海洋生物研究室）工作，继续进行海藻的分类研究。郑柏林则在山东大学及后来的山东海洋学院、青岛海洋大学(现名中国海洋大学)进行我国底栖海藻的分类研究。同期，朱浩然和周贞英教授也回国参加工作，朱浩然进行海洋蓝藻分类研究，周贞英进行红藻分类研究。50年代我国台湾还有两位海藻分类学者即江永棉和樊恭炬，这两位教授都是美国著名海藻分类学家George Papenfuss 的学生。樊恭炬后来回到大陆工作。因此，在20世纪50年代进行中国底栖海藻分类研究的中国藻类学家除了曾呈奎以外，还有朱浩然、周贞英、张峻甫、郑柏林、江永棉、樊恭炬6人，共7位专家。从50年代后期起，有更多的年轻人参加进了海藻分类研究中来，如周楠生、张德瑞、夏恩湛、夏邦美、王素娟、项思端、董美玲和郑宝福。60年代以后开始进行底栖海藻分类研究的还有陆保仁、华茂森、周锦华、李伟新、王树渤、陈灼华、王永川、潘国瑛、蒋福康、杭金欣、孙建章、刘剑华、栾日孝和郑怡等。我国前后从事大型底栖海藻分类研究的人员有30多人。

我国海洋浮游藻类及微藻类有2000多种。1932年倪达书在王家楫先生的指导下，开展了这项工作，当年发表了"厦门的海洋原生动物"一文，其中有20页是关于甲藻类的，当时甲藻是作为原生动物研究的。从1936年起倪达书单独发表了几篇关于海南岛甲藻的文章；新中国成立后，倪达书把工作转到了鱼病方面。金德祥从1935年开始进行浮游硅藻类的研究，两三年后正式发表论文，以后也进行底栖硅藻的分类研究。20世纪50年代朱树屏和郭玉洁参加浮游硅藻类分类研究，以后参加硅藻分类研究的还有程兆第、刘师成、林均民、高亚辉、钱树本和周汉秋。参加甲藻分类研究工作的还有王筱庆、陈国蔚、林永水、林金美等。参加浮游藻类分类研究工作的前后也有十几人。

中国孢子植物志的五个志中，《中国海藻志》的进展较慢。这是因为《中国海藻志》的编写不但开始的时间较晚而且最基本的标本采集工作也最为困难。要采集底栖海藻标本，必须到海边，不仅在潮间带而且在潮下带，一直到几十米深处才能采到所要的标本。采集浮游藻类标本，问题就更大了。在许多情况下，船只是必需的。如果只采集海边的种类，利用小船则可，但要采集近海及远海的浮游植物就必须动用海洋调查船且只能作为海洋调查的一个部分，费用必然加大。

我国从20世纪50年代中期开展海洋调查，共进行全国海洋普查三到四次，还有几次海区性的调查。如近几年来的南沙群岛海洋调查迄今已有三次，每次都采集了大量的浮游海藻标本。大型底栖海藻的调查，北起鸭绿江口，南至海南岛，西沙群岛、南沙群岛沿海及其主要岛、礁都有我们采集人员的足迹。参加过海洋底栖和浮游藻类调查的工作人员有好几十人。近年来，浮游藻类已从微型的发展到超微型的微藻研究，如焦念志小组已开展了水深100米以下的种类研究，最近在我国东海黑潮暖流区发现了超微原核的原绿球藻 *Prochlorella*，十几年前在我国南海也有发现。单就中国科学院海洋研究所一个单位而言，四十几年来采到的标本就有18万多号，其中底栖海藻腊叶标本12万多号，浮游藻类液浸标本6万多号。

微藻还是养殖鱼虾苗种的良好饵料。在20世纪50年代，张德瑞及其助手发表了扁藻的一个新变种——青岛大扁藻 *Platymonas helgolandica* var. *tsingtaoensis* Tseng et T. J. Chang，但由于研究微藻分类的确比较困难，同时其他工作也很紧张，所以微藻的分类研究没有继续下来。20世纪80年代后期，曾呈奎感到饵料微藻类的分类研究很重要，说服了陈椒芬进行这项工作，前后发表了两个新种——突起普林藻 *Prymnesium papillatum*

Tseng et Chen（1986）和绿色巴夫藻 *Pavlova viridis* Tseng，Chen et Zhang（1992），但不久，这项工作又停了下来。海洋微藻是一个很重要的化学宝库，特别是其中含有不饱和脂肪酸、EPA、DHA 等。李荷芳和周汉秋发表了几种微藻的化学成分。我相信，随着海洋研究的深入，海洋微藻及饵料微藻类的分类工作必将再次提到日程上来。

早在 2000 年前，我们的祖先就有关于大型海藻经济价值的论述。在《本草纲目》和各沿海县的县志中记载了许多种经济海藻，如食用的紫菜、药用的鹧鸪菜、制胶用的石花菜、工业用的海萝等。近年来对微藻的研究也包括了饵料用的种类以及自然生长的种类，这些都是富含 EPA、DHA，鱼类吃了就产生"脑黄金"的种类，对人类非常有益。中国人研究海藻 70 多年了，发表了好几百篇分类研究论文。我们认为现在是将我们的研究成果集中起来形成《中国海藻志》的时候了。因此，我们提出中国孢子植物志的编写应包括《中国海藻志》。

在《中国海藻志》中，大型底栖海藻有四卷，包括第一卷蓝藻门、第二卷红藻门、第三卷褐藻门、第四卷绿藻门；浮游及底栖微藻三卷，包括第五卷硅藻门、第六卷甲藻门和第七卷隐藻门、黄藻门及金藻门等。我们根据种类的多少，每卷有若干册，每册记载大型海藻 100 种以上或微藻 200 种以上的种类。毫无疑问，每卷册出版以后仍将继续发现未报道过的种类。因此，一段时间以后还得作必要的修改和补充。

知识是不断地在扩大的，科学也是在不断地发展的。今天，我们的海洋微藻类，除了硅藻类和甲藻类材料比较丰富以外，其他的知道得还很少。由于海洋调查的范围在不断地扩展，调查方法也不断地改善，必然会加速超微型藻类的发现，大型海藻也会有新发现。我们关于海藻分类的知识也不断地在扩大。我们希望 10 年、20 年后，第二版《中国海藻志》会出现。

中国孢子植物志编辑委员会主编　曾呈奎

2000 年 3 月 1 日　青岛

Flora Algarum Marinarum Sinicarum
Preface

China has a long coastline of more than 18,000 kilometers, coastline of the islands of more than 14, 200 kilometers and 3 million square kilometers of blue territory, in which are found 3 to 4 thousand species of macroscopic, benthic marine algae, including blue-green algae, red algae, brown algae and green algae, and microscopic planktonic algae including diatoms, dinoflagellate and other microalgae occurring in three climatic zones, warm temperate, subtropical and tropical zones, and two biogeographic regions, the Indo-west Pacific region and the Northwest Pacific region; there are very few cold temperate species and even arctic species.

There are more than 1000 species of benthic marine algae in China. One of the earliest reported species is *Fucus tenax* published by Dawson Turner in 1809, a red algal species, now known under the name *Gloiopeltis tenax* (Turn.) Decaisne, collected from Fujian and Zhejiang provinces. A year earlier, Turner reported *F. microceratium* Mert., collected from somewhere between China and Korea. This is now known as *Sargassum microceratium* (Mert.) C. Agardh, currently regarded by us as synonymous with *S. confusum* C. Agardh. After Turner, there are quite a few foreigners reporting marine algae from China, such as C. Agardh (1820) C. Montagne (1842), J. Agardh (1848, 1889), R. K. Greville (1849), G. V. Martens (1866), T. Debeaux (1875), B. S. Gepp (1904), A. D. Cotton (1915), A. Grunow (1915, 1916), M. A. Howe (1924, 1934), W. A. Setchell (1931a, 1931b, 1933, 1935, 1936), V. M. Grubb (1932) and the Japanese K. Ariga (1919), Y. Yamada (1925, 1942, 1950), K. Okamura (1931, 1936) and M. Noda (1966). The first Chinese who collected algal specimens is Prof. H. S. Chung at Amoy (now Xiamen) University in the early 1920s. Prof. Chung, a plant taxonomist, while a student at Harvard University was already interested in algae, although he was a taxonomist of seed plants. As a botanical professor, he had to collect plants from Fujian province for his teaching work; he collected also various kinds of algae, both freshwater and marine. He was unable to determine the species of the algae and had to send the specimens abroad to Prof. N. L. Gardner of U. S. for determining the species names. The first Chinese who collected and studied the seaweeds is Prof. C. K. Tseng, a student of Prof. Chung. He started collecting seaweeds in 1930 when he served as an assistant in the Botany Department. Amoy (Xiamen) University. He published his first paper "Gloiopeltis and the Other Economic Seaweeds of Amoy" in 1933, the first paper on Chinese seaweeds by a Chinese, when he was a graduate student at Lingnan University, Guangzhou (Canton). The second Chinese studying Chinese seaweeds was Prof. C. Y. Chiao of Jinling University, Nanking. Chiao came to Amoy in the summer of 1932 and studied the algal specimens deposited at the herbarium of Amoy University, including specimens collected by the Japanese K. Ariga and identified by Okamura. He studied these specimens and published a paper, "The Marine Algae of Amoy", in late 1933. This was the second paper on Chinese seaweeds by a Chinese. Unfortunately Chiao did not continue his work on seaweeds and turned to become a plant physiologist. The third Chinese who was involved in studies on Chinese seaweeds was Prof. L. C. Li who collected seaweeds in Qingdao and Chefoo in 1933~1934 and cooperated with Tseng on an article "Some Marine Algae of Tsingtao and Chefoo, Shantung"(1935). Prof. Li continued his work on taxonomy of China freshwater algae, and gave up his study of Chinese seaweeds. Thus in the 1930s and 1940s, only a single Chinese, C. K. Tseng, consistantly stuck to the study of Chinese seaweeds. In the late 1940s, when C. K. Tseng returned to China and took up the professorship and chairmanship of the Botany Department at the National Shandong University in Qingdao, two assistants, Zhang Jun-fu and Zheng Bai-lin took up seaweed taxonomy as their research topic. In the 1950s, Zheng Bai-lin remained in Shandong University, now Qingdao Ocean University and Zhang Jun-fu moved to the Institute of Oceanology with C. K. Tseng. Since the early 1950s, both Zheng Bai-lin and Zhang Jun-fu continued their research work on seaweed taxonomy. Professor Chu(Zhu) Hao-ran, participated in the taxonomy of cyanophyta and Prof. R. C. Y. Chou(Zhou)kept on her work on Rhodophyta. Both returned from the U. S. to China. There are two phycologists from Taiwan, Chiang Young Meng and Fan Kang Chu, both students of the American phycologist, George Papenfuss. Later, Fan Kang Chu returned to the mainland. There are, therefore, seven phycologists in the early 1950s working on taxonomy of seaweeds. In the late 1950s there are a few more workers on marine phycology, such as N. S. Zhou, D. R. Zhang, E. Z. Xia, B. M. Xia, S. J. Wang, S. D. Xiang, M. L. Dong and B. F. Zheng who eventually turned to taxonomic research. In and after the 1960s, a few more phycological workers are involved in taxonomic studies of seaweeds such as B. R. Lu, M. S. Hua, J. H. Zhou, W. X. Li, S. B. Wang, Z. H. Chen, Y. C. Wang, G. Y. Pan, F. K. Jiang, J. X. Hang, J. Z. Sun, J. H. Liu, R. X. Luan, L. P. Ding and Y. Zheng. Dr. Su-fang Huang is also active in phycological work in Taiwan. There are altogether more than thirty persons involved in the collecting and research on Chinese benthic marine algae.

There are more than 2 thousand species of planktonic marine algae in China. It was started by Professor Wang Chia-Chi, the famous Chinese Protozoologist and his student Prof. Ni Da-Su; they studied the marine protozoas of Amoy and published in 1932 a paper, including many species of dinoflagellates which they treated as protozoas. Prof. Ni Da-Su published a series of papers on Hainan dinoflagellates beginning with 1936. Taxonomic studies of the diatoms was initiated by Professor T. S. Chin(Jin)who started the research in 1935 and published his first paper in 1936. In the 1950s, Prof. S. P. Chu(Zhu)and his student, Y. C. Guo started their research on diatoms. In the sixties and afterwards, participating in the collecting and research on diatoms are Z. D. Zheng, Y. H. Gao, J. M. Lin, S. C. Liu, S. B. Qian and H. Q. Zhou, and on dinophyceous algae are G. W. Chen, Y. S. Lin, J. M. Lin and X. Q.

Wang. Altogether, there are more than 10 persons involved in research on the taxonomy of planktonic algae.

In the five floras of the Cryptogamic Flora of China, the *Marine Algal Flora* was initiated the latest, and progress the slowest, because collecting of the algal specimens involves lots of difficulties. Collections of benthic seaweeds will have to wait until low tides when the rocks on which the seaweeds attach are exposed or by diving to a depth of 5~10 meters for these seaweeds. For planktonic algae, one needs a boat and the necessary equipment for the coastal collection and for collecting planktonic algae in far seas and oceans, one has to employ ocean going expeditional ships. The cost is enormous.

China has initiated oceanographic research on the China seas in the late 1950s and early 1960s, which provide opportunity for phytoplankton workers to obtain samples from the various seas of China. Collection of benthic seaweeds extended from Dalian, Chefoo and Qingdao in the Yellow Sea in the north to Jiangsu, Zhejiang and Fujian coastal cities in the East China Sea and Guangdong, Guangxi, Hainan provinces, including Xisha (Paracel) Islands and Nansha (Spratley) Islands in the South China Sea in the south. For the last fifty years, the staff members of the Institute of Oceanology, CAS, collected more than one hundred twenty thousand numbers of dry specimens, and sixty thousand number of preserved specimens.

From more than 2000 years ago to recent time China has already quite a few records of seaweeds and their economic values in herbals and district records, for instance, the purple laver or Zicai (*Porphyra*) for food, Zhegucai (*Caloglossa*) as an anthelmintic drug, Shihuacai (*Geldium*) for making agar, Hailuo (*Gloiopeltis*) for industrial uses etc. In recent years, microalgae are found to contain good quantities of valuable substances, such as EPA, DHA. For the last seventy something years, Chinese phycologists have been devoted to study their own algae and have published hundreds of scientific papers on algal taxonomy dealing with the Chinese marine algae. We believe now is the time for them to publish *Marine Algal Flora*. Therefore when we have decided to publish Cryptogamic Flora of China, we insist that we should include our *Marine Algal Flora*. We have decided to publish the *Marine Algal Flora* in 7 volumes, 4 volumes on benthic macroscopic marine algae, or seaweeds, and 3 volumes on microscopic planktonic marine algae, namely, Vol. 1. Cyanophyta, Vol. 2. Rhodphyta, Vol. 3. Phaeophyta, Vol 4. Chlorophyta, Vol. 5. Baccilariophyta, Vol 6. Dinophyta and Vol. 7. Cryptophyta, Xanthophyta, Chryeophyta and other microalgae. On the basis of the number of species in the group, the volumes may be divided into a few numbers, when necessary and each number will deal with about 100 or more macroscopic species and 200 or more microscopic species. There is no question that after the publication of a group, more species will be reported in the group.

Knowledge is always in the course of increasing and science also in the course of growing. Today, our study on microalgae is very limited, with the exception of the diatoms and to a less extent, the dinoflagellates. With the increase of microalgae investigations, and the improvement of the collecting methods, discovery of more microalgae, especially the piccoplanktonic algae, such as *Prochlorella* discovered by Jiao Nian-zhi in China, will be made. New benthic seaweeds will also be reported. Our knowledge of the taxonomy of marine algae will keep on increasing. We hope in the next 10 or 20 years, the second edition of *Flora Algarum Marinarum Sinicarum* will appear.

C. K. Tseng in Qingdao

March 1, 2000

前　言

本卷册的类群属于绿藻门 Chlorophyta 绿藻纲 Chlorophyceae，研究用标本采自中国黄海、渤海、东海和南海沿岸（包括岛屿），北起鸭绿江口，南至海南岛及东沙群岛、西沙群岛、南沙群岛。包括管枝藻目 Siphonocladales、海松藻目 Codiales、蕨藻目 Caulerpales、羽藻目 Bryopsidales 和绒枝藻目 Dasycladales 等五目，共收入 10 科 29 属 120 种 3 变种和 5 变型。

关于绿藻门的分类系统，学者有不同的看法，1 纲：绿藻纲 Chlorophyceae（Fritsch，1935）；2 纲：绿藻纲和轮藻纲 Charophyceae（Smith，1955）；3 纲：绿藻纲、接合藻纲 Conjugatophyceae 和轮藻纲（郑柏林和王筱庆，1961；Fott，1971）；6 纲：绿藻纲、鞘藻纲 Oedogoniophyceae、羽藻纲 Bryopsidophyceae、接合藻纲、轮藻纲和葱绿藻纲 Prasinophyceae Round（1963）；轮藻独立为轮藻门 Charophyceae，而绿藻门下设绿藻纲和接合藻纲（Wood and Imahori，1964；李伟新等，1982；周云龙，1999）；4 纲：葱绿藻纲、绿藻纲、双星藻纲和轮藻纲（胡鸿钧和魏印心，2006）。最近，地球生物被划分为 2 超界 7 界 96 门 351 纲的分类系统，绿藻和轮藻完全分开，分属不同的下界（INFRAKINGDOM），绿藻门的完整分类系统为真核生物超界 SUPERKINGDOM EUKARYOTA、植物界 KINGDOM PLANTAE、绿色植物亚界 SUBKINGDOM VIRIDIPLANTAE、绿藻下界 INFRAKINGDOM CHLOROPHYTA、绿藻门 Chlorophyta，其下设 2 亚门 8 纲 31 目（Ruggiero et al.，2015）。然而，这个新的系统把海洋大型绿藻的各个目划分到不同的纲中，如胶毛藻目 Chaetophorales 划入了绿藻纲，溪菜目 Prasiolales 划入了共球藻纲 Trebouxiophyceae，丝藻目 Ulotrichales、石莼目 Ulvales、刚毛藻目 Cladophorales、羽藻目 Bryopsidales 和绒枝藻目 Dasycladales 等划入了石莼纲 Ulvophyceae。为了海藻志卷册的一致性，本册志书的分类系统仍沿用之前的绿藻门绿藻纲，其下目、科的分类系统是参照 Silva 等（1996）和 Yoshida（1998）的意见确立的。

本卷册部分研究用标本由中国科学院海洋生物标本馆植物标本室、大连自然博物馆和天津师范大学生命科学学院藻类研究室提供。我们诚挚地感谢所有不辞辛苦地长期奔波在祖国沿岸及岛屿采集了大量标本的同志们，他们的辛勤劳动，为本卷册的编写奠定了坚实的基础；对那些为本志编写做出贡献的个人和单位，致以崇高的敬意和衷心的感谢。

本卷册中的个别属种由于产地等原因，我们只能照原著内容录入本志，并注明了出处。

本志是在国家自然科学基金委员会、中国科学院中国孢子植物志编辑委员会的领导和大力支持下才完成编写工作的。书中有不妥之处，敬请读者批评指正。

编　者

2017 年 8 月于天津

目　录

管枝藻目 SIPHONOCLADALES (Blackman et Tansley) Oltmanns, 1904: 255

藻体为多细胞分枝的丝状体或由具隔壁的囊状体组成的枕状或球状，基部由具有单细胞或多细胞的假根丝体固着于基质上。分枝或不分枝，分枝由细胞行分离分裂形成。细胞多核，叶绿体小盘状或网状，含淀粉核或否。

同型世代交替。孢子体能产生具 4 条鞭毛的游动孢子；配子体可产生 2 条鞭毛的配子；个别亦可形成似不动孢子（小球体）进行繁殖。通常为同配生殖。

模式科：管枝藻科 Siphonocladaceae Schmitz。

管枝藻目分科检索表

1. 藻体呈网状构造，分枝上有小的附着胞彼此互相粘连形成网孔，呈海绵状或叶状⋯⋯⋯⋯⋯⋯⋯⋯⋯⋯⋯⋯⋯⋯⋯⋯⋯⋯⋯⋯⋯⋯⋯⋯⋯⋯⋯⋯⋯⋯⋯**布多藻（棉絮藻）科 Boodleaceae**
1. 藻体非网状构造⋯⋯⋯⋯⋯⋯⋯⋯⋯⋯⋯⋯⋯⋯⋯⋯⋯⋯⋯⋯⋯⋯⋯⋯⋯⋯⋯⋯⋯⋯2
  2. 藻体无主轴，由 1 个或多个球形或棍棒形的囊状细胞紧密组成，囊状细胞行分离分裂⋯⋯⋯⋯⋯⋯⋯⋯⋯⋯⋯⋯⋯⋯⋯⋯⋯⋯⋯⋯⋯⋯⋯⋯⋯⋯⋯⋯⋯⋯⋯⋯**法囊藻科 Valoniaceae**
  2. 藻体由 1 个圆柱状或棍棒状成轴细胞组成，细胞在轴上部行分离分裂形成分枝⋯⋯⋯⋯⋯⋯⋯⋯⋯⋯⋯⋯⋯⋯⋯⋯⋯⋯⋯⋯⋯⋯⋯⋯⋯⋯⋯⋯⋯**管枝藻科 Siphonocladaceae**

布多藻（棉絮藻）科 Boodleaceae Børgesen, 1925: 19

藻体多细胞，网状，由细胞分离分裂形成很多单列细胞的分枝，分枝细胞圆柱状，长短不一，基部由假根或附着器附着于基质上。枝端以附着胞彼此连接，使分枝系统形成网状结构，分枝在同一平面上具有柄，呈网叶形，或不在同一平面上错综交织，呈海绵状的团块。

模式属：布多藻属 *Boodlea* Murray et De Toni。

布多藻科分属检索表

1. 藻体呈叶形网状，规则对生分枝；分枝在一个平面上网结 ⋯⋯⋯⋯⋯⋯⋯⋯⋯ **叶网藻属 *Phyllodictyon***
1. 藻体为不定型的海绵状团块；分枝初期规则对生，其后变为不规则，不在一个平面上网结 ⋯⋯⋯⋯⋯⋯⋯⋯⋯⋯⋯⋯⋯⋯⋯⋯⋯⋯⋯⋯⋯⋯⋯⋯⋯⋯⋯⋯⋯⋯⋯⋯⋯**布多藻（棉絮藻）属 *Boodlea***

布多藻（棉絮藻）属 *Boodlea* Murray et De Toni, 1889: 245

藻体海绵状，主轴多数，向各个方向分枝，基部由根状细胞或附着胞附着于基质上。分枝对生、偏生或轮生。在许多分枝的顶端生有附着胞，借助附着胞，分枝彼此相互错综粘连，形成大小不等的海绵状团块。细胞多呈圆柱状，长短不一，具有多核。叶绿体通常呈三角形或小盘状，网状排列，分布于细胞内侧壁周围，含2个淀粉核。

模式种：半球布多藻 *Boodlea coacta* (Dickie) Murray et De Toni。

布多藻属分种检索表

1. 半球布多藻　图1A，图1B

Boodlea coacta (Dickie) Murray et De Toni in Murray, 1889: 245; Okamura, 1936: 38, fig. 18; Yamada, 1950: 175; Fan, 1963: 165; Lewis et Norris, 1987: 10; Ding et al., 2015: 205.

Cladophora coacta Dickie, 1877: 451.

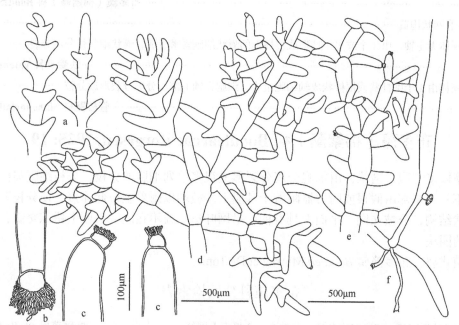

图1A　半球布多藻 *Boodlea coacta* (Dickie) Murray et De Toni

a. 对生小枝；b. 根端附着胞；c. 枝端附着胞；d. 上部藻体，示对生小枝和轮生小枝；e. 中部藻体；f. 藻体下部，示假根、附着胞和幼体。（DNHM20059208）

Figure 1A　*Boodlea coacta* (Dickie) Murray et De Toni

a. Opposite branchlets; b. Tenaculum at the apex of rhizoid; c. Tenacula at the apex of the branchlets; d. Upper part of the thallus, showing the opposite and verticillate branchlets; e. Middle part of the thallus; f. Lower part of the thallus, showing the rhizoids, tenaculum and juvenile thallus. (DNHM20059208)

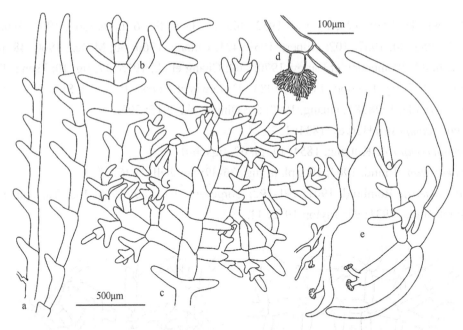

图 1B　半球布多藻 *Boodlea coacta* (Dickie) Murray et De Toni

a. 偏生小枝；b. 对生小枝；c. 中部藻体，示对生、轮生分枝；d. 附着胞；e. 藻体基部，示假根和附着胞。(DNHM20059208)

Figure 1B　*Boodlea coacta* (Dickie) Murray et De Toni

a. Secund branchlets; b. Opposite branchlets; c. Middle part of thallus, showing the opposite and verticillate branches; d. Tenaculum;

e. Basal part of the thallus, showing the rhizoids and tenacula. (DNHM20059208)

藻体由单列细胞分枝丝体组成，半球形，直径 2-5cm；基部生有短的假根状丝体，长 250-650μm，宽 25-50μm，长为宽的 8-25 倍，根端多具附着胞附着于基质上。整个分枝丝体较细，上部分枝密集，分枝多对生、轮生，少侧生或偏生，小枝明显多为羽状，老枝多呈放射状或不规则放射状。附着胞多生于枝端，少生于分枝的侧面，使分枝彼此互相错综粘连，形成众多网孔，呈海绵状。分枝细胞圆柱状；主枝细胞长 250-2000μm，宽 130-200μm（极少数直径超过 200μm），长为宽的 13-21 倍；分枝细胞长 250-1100μm，宽 70-200μm，长为宽的 1-9 倍；小枝末端细胞长 250-1100μm，宽 55-150μm，长为宽的 3-15 倍；幼藻体初生枝细胞甚长，长 450-2500μm，宽 60-150μm，长为宽的 4-20 倍。

游动孢子 4 条鞭毛，有性生殖不明。

模式标本产地：日本和歌山县大岛。

习性：在潮间带石沼中附着于珊瑚礁或其他基质上。

产地：福建、台湾、海南（三亚）；日本。

2. 布多藻　图 2；图版 I: 1

Boodlea composita (Harvey) Brand, 1904: 187; Reinbold in Weber-van Bosse, 1913: 71; Yendo, 1916: 47; Børgesen, 1934: 9; 1940: 21, fig. 6; 1946: 15, fig. 5; Tseng, 1936a: 136, figs. 4-5; Taylor, 1945: 50; 1950: 44; 1960: 119; 1966: 349; Shen et Fan, 1950:

322;Yamada, 1950: 175; Egerod, 1952: 362, pl. 32 a, fig. 6 a; Dawson, 1954: 390, fig. 9c-d; 1956: 30; 1957: 102; Gilbert, 1959: 421; Chiang, 1960: 60; Meñez, 1960: 48, pl. 3, figs. 40-42; Womersley et Bailey, 1970: 269; Chang et al., 1975: 37, fig. 10; Tseng, 1983: 276, pl. 137, fig. 1; Zhou et Chen, 1983: 93; Lewis et Norris, 1987: 10; Silva et al., 1996: 789; Yoshida, 1998: 81; Huang, 1999: 55; Ding et al., 2015: 205.

Cladophora composita Harvey, 1834: 157.

Aegagropila composite Kützing, 1854: 14, pl. 67, figs. b-d.

Boodlea kaeneane Brand, 1904: 190, pl. 6, figs. 36-39; Setchell, 1926: 77.

Boodlea siamensis Reinbold, 1901: 191-192; Børgesen, 1913: 49; 1930: 153; Yamada, 1925: 84; Okamura, 1931: 97; Taylor, 1950: 44.

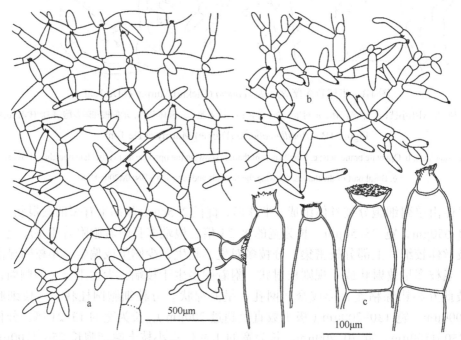

图 2　布多藻 *Boodlea composita* (Harvey) Brand

a. 藻体中部,示轮生、对生、偏生分枝和附着胞;b. 老藻体,示不规则分枝和附着胞;c. 枝端附着胞(DNHM92-139, 20059197)

Figure 2　*Boodlea composita* (Harvey) Brand

a. Middle part of the thallus, showing the verticillate, opposite, secund branches and tenacula; b. Older part of the thallus, showing the irregular branches and tenacula; c. Tenacula on the ramular terminus (DNHM92-139, 20059197)

藻体绿色到深绿色，浓密线状，相互交错缠结呈海绵状团块，直径 3-5cm，高 2-3cm，多分枝，基部具有假根或附着器附着于基质上。在枝端生有附着胞，彼此附着于相邻的小枝上，主枝与小枝通过顶端的附着胞彼此相连在一起。主枝在初期单侧生或呈反向生长，后期向各个方向产生分枝。分枝对生或偏生或不规则，主枝与分枝间夹角常近于直角，顶部的小枝常比较规则对生，近塔形。分枝由下向上渐细，主枝细胞长 200-1000μm，宽 120-350μm，长为宽的 1.6-6 倍；分枝细胞长 200-1200μm，宽 60-200μm，长为宽的 1.5-11 倍；末端小枝细胞长 100-1000μm，宽 50-100μm，长为宽的 2.6-5 倍。

模式标本产地：毛里求斯。

习性：生长在低潮带或低潮线下 0.5-1m 深处，附着于珊瑚礁或岩石上。

产地：福建、台湾、广东、香港、海南（海南岛、西沙群岛和南沙群岛）；日本，菲律宾，越南，印度尼西亚，马绍尔群岛，所罗门群岛，夏威夷群岛，哥斯达黎加，墨西哥，厄瓜多尔，印度，毛里求斯，马来西亚，肯尼亚，马达加斯加，百慕大群岛，波多黎各，维尔京群岛等。

3. 网叶布多藻 图 3

Boodlea struveoides Howe, 1918: 496; Taylor, 1960: 119; Chang et al., 1975: 39, fig. 11; Silva et al., 1996: 790; Ding et al., 2015: 205.

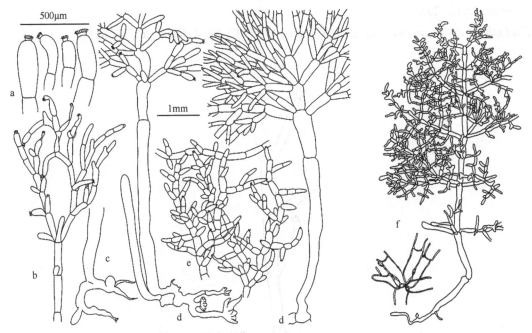

图 3　网叶布多藻 *Boodlea struveoides* Howe

a. 枝端附着胞；b. 藻体中部，示附着胞和不规则分枝；c. 藻体基部假根；d. 藻体下部，示假根、柄和不规则分枝；e. 藻体上部（DNHM20019113）；f. 藻体外形

Figure 3　*Boodlea struveoides* Howe

a. Tenacula on the ramular terminus; b. Middle part of the thallus, showing the tenacula and irregular branches; c. Rhizoids of the basal part of the thallus; d. Lower part of the thallus, showing the rhizoids, stalk and irregular branches; e. Upper part of the thallus (DNHM20019113); f. Thallus

藻体密集丛生，有柔弱的柄，在柄的基部生有假根状匍匐枝，匍匐枝具有附着胞吸附于珊瑚块上或其他基质上。柄长 1-5mm，多由 2 个细胞组成，柄细胞长 1000-5400μm，

宽250-450μm，长为宽的3-13倍。柄上部为向各方向生长的分枝，分枝对生或不规则对生，有的近轮生，小枝一般对生。附着胞多生于枝端，彼此相互吸附纠缠形成海绵状的团块。分枝较粗，由下向上渐细；主枝明显，细胞长400-1200μm，宽200-400μm，长为宽的1.6-4.5倍；分枝细胞长350-900μm，宽140-220μm，长为宽的1.6-4.5倍；小枝更细，末位细胞长200-1000μm，宽100-150μm，长为宽的1.5-7.7倍。

模式标本产地：百慕大群岛。

习性：在低潮带环礁内附着于珊瑚礁上或其他基质上。

产地：广东（汕尾）、海南（西沙群岛）；百慕大群岛，印度，塞舌尔。

4. 端根布多藻 图 4

Boodlea vanbosseae Reinbold, 1905: 148; A. Gepp et E.S. Gepp, 1908: 165; Weber-van Bosse, 1913: 70, fig. 12; Dawson, 1956: 29, fig. 6; Womersley et Bailey, 1970: 270; Chang et al., 1975: 40, fig. 12; Lewis et Norris, 1987: 10; Silva et al., 1996: 190; Ding et al., 2015: 205.

Cladophora montagnei var. *radicans* Yamada, 1925: 87, fig. 4; Okamura, 1936: 57.

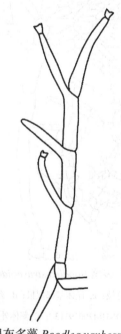

图 4　端根布多藻 *Boodlea vanbosseae* Reinbold

部分藻体，示分枝及假根状附着胞。（引自张峻甫等，1975）

Figure 4　*Boodlea vanbosseae* Reinbold

A part of the thallus, showing the branches and rhizoidal tenacula. (Cited from Chang et al., 1975)

藻体暗绿色，密集丛生呈扁平海绵状的团块，稍硬，高约1.6cm。分枝叉状，小枝侧生或偏生。在分枝上的细胞末端有时生有无隔壁的假根状附着胞，附着于邻近的分枝上，使整个藻体粘连成团块状。分枝丝体下部略粗，直径约270μm，上部小枝稍细，直径约

120μm，细胞长为宽的 2-5 倍。

模式标本产地：印度尼西亚 Lucipara Island。

习性：生于低潮带以下，固着于珊瑚礁上。

产地：福建（厦门）、台湾（兰屿、鹅銮鼻）、海南（西沙群岛）；印度尼西亚，马绍尔群岛，所罗门群岛，泰国，马尔代夫，毛里求斯，塞舌尔，索马里，斯里兰卡等。

本种依据张峻甫等（1975）和 Yamada（1925）的报道编写而成。

叶网藻属 *Phyllodictyon* Gray, 1866: 70

藻体直立，由柄和网状叶片组成，柄基部以多细胞的分枝假根固着于基质上。叶片具有主轴，在轴的两侧可行数回分枝，分枝在同一个平面上对生，枝端有附着胞连接，形成卵形或椭圆形的网状叶片。细胞分裂为非分离式分裂，叶绿体网状，含有多个淀粉核。

模式种：*Phyllodictyon pulcherrimum* J.E. Gray。

叶网藻属分种检索表

1. 藻体较小，高 1-1.5cm，整个藻体羽状分枝，有的柄具环状缢缩··
·· **网结叶网藻** *Phyllodictyon anastomosans*
1. 藻体较大，高 1.5-4.5cm，藻体具有星状分枝，柄光滑无环状缢缩·········· **中间叶网藻** *P. intermedium*

5. 网结叶网藻　图 5

Phyllodictyon anastomosans (Harvey) Kraft et Wynne, 1996: 139, figs. 16-25; Titlyanov et al., 2011: 526; 2015: tab. SI; Titlyanova et al., 2014: 45; Ding et al., 2015: 205.

Cladophora anastomosans Harvey, 1859, pl. 101.

Struvea anastomosans (Harvey) Piccone et Grunow ex Piccone, 1884: 20; Dawson, 1954: 390, fig. 8g; Trono, 1968: 162; Womersley et Bailey, 1970: 270; Chang et al., 1975: 41, fig. 13; Tseng, 1983: 276, pl. 137, fig. 2; Lewis et Norris, 1987: 10.

Struvea delicatula Kützing, 1866: 1, pl. 2, figs. e-g; Chiang, 1960: 61; Lewis et Norris, 1987: 10.

藻体绿色，丛生，高 1-1.5cm，由假根、柄和叶片三部分组成。假根为简单不规则分枝状，末端多有附着胞附着于基质上，亦有呈匍匐茎状。柄单条或分枝，由 1-2 个细胞组成，少数由 3 个细胞组成，柄长 0.6-1cm，直径约 432μm，基部表面平滑，无环状缢缩，有的可从匍匐茎上直接长出。叶片近塔形至心形，老藻体常呈裂片状，长 0.3-1cm，宽 0.2-0.7cm，3-4 回羽状对生分枝，分枝均在同一平面，枝端生有附着胞彼此粘连，形成网状叶片。叶片中的主轴为柄上部延长部分，主轴细胞长 130-228（-424）μm，直径 163-180μm；初级分枝细胞长 522-1190μm，直径 228-342μm；次级分枝细胞长 277-275μm，直径 90-130μm。网孔形状多样，三角形、四边形或不规则形状，孔径 365-500μm。

模式标本产地：澳大利亚弗里曼特尔。

习性：在低潮带附着于珊瑚礁上。

产地：台湾（南部）、广东（硇洲岛）、海南（三亚和西沙群岛）；越南，菲律宾，马来西亚，印度尼西亚，夏威夷群岛，马绍尔群岛，所罗门群岛，澳大利亚，墨西哥，哥斯达黎加，泰国，印度，斯里兰卡，巴基斯坦，毛里求斯，南非，塞舌尔，肯尼亚，索马里，也门，加勒比海等海域。

评述：吉田忠生（1998）的《新日本海藻志》采纳了 Chihara 的意见，认为之前报道产于日本的 *Struvea anastomosans*（Harvey）Piccone et Grunow ex Piccone 为错误鉴定，并建立新种 *S. enomotoi* Chihara。而我国海南、台湾产的 *S. anastomosans* 是否也为 *S. enomotoi*，有待进一步研究。而 *S. anastomosans* 于 1996 年由 Kraft 和 Wynne 更名为 *Phyllodictyon anastomosans*。

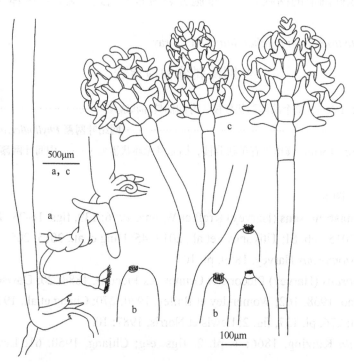

图 5　网结叶网藻 *Phyllodictyon anastomosans* (Harvey) Kraft et Wynne

a. 藻体基部假根；b. 小枝端附着胞；c. 部分藻体，示柄和羽状分枝。（DNHM20059191）

Figure 5　*Phyllodictyon anastomosans* (Harvey) Kraft et Wynne

a. Rhizoids of the basal part of the thallus; b. Tenacula on the ramular terminus; c. Part of the thallus, showing the stalk and pinnate

branches. (DNHM20059191)

6. 中间叶网藻　图 6A，图 6B；图版 IV: 1

Phyllodictyon intermedium (Chang et Xia) Kraft et Wynne, 1996: 139

Struvea intermedia Chang et Xia in Chang et al., 1975: 43, figs. 14-15, pl. 1; Tseng, 1983: 276, pl. 137, fig. 3; Liu, 2008: 279; Ding et al., 2015: 205.

藻体深绿色，孤生或丛生，高 1.5-4.5cm，由假根、柄和叶片三部分组成。假根位于藻体下部，不规则分枝，固着于基质上。柄圆柱状，长 1-3cm，直径 565-800μm，单条或分枝，由 2 个细胞组成，其下部有明显或不明显的环状缢缩，或完全平滑。主轴为柄的延长部分，3-5 回羽状分枝，主轴细胞直径 332-581μm，其上生有 5-11 对初生分枝组成一个叶片，或在主轴上叉状分枝 1-3 次，使藻体形成几个略微分离的小叶片。叶片一般呈阔椭圆形、阔卵形或阔倒卵形，长 0.4-1.3cm，可达 2cm，由在同一平面的分枝形成。初生分枝略粗，直径 365-531μm，次生分枝直径 232-282μm。分枝除对生外，在有些节上具有 4-6 条星状（掌状）分枝；末枝顶端常生有附着胞，使分枝彼此粘连而形成网孔。网孔形状不一，三角形、四边形或梯形，网孔直径 200-650μm。

　　模式标本产地：中国海南西沙群岛。

　　习性：生长在低潮带珊瑚礁的荫蔽处或低潮线下 1m 深处的珊瑚礁上。

　　产地：中国海南西沙群岛。本种为中国特有种。

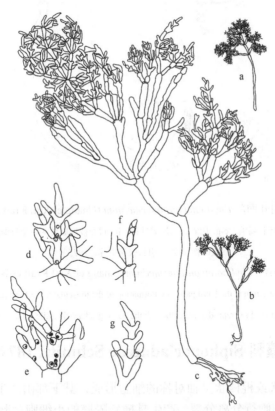

图 6A　中间叶网藻 *Phyllodictyon intermedium* (Chang et Xia) Kraft et Wynne

a, b. 藻体外形；c. 分枝基部具环状缢缩；d-g. 藻体细胞分离分裂。（引自张峻甫等, 1975）

Figure 6A　*Phyllodictyon intermedium* (Chang et Xia) Kraft et Wynne

a, b. Thallus; c. Annular constriction at the basal part of the branches; d-g. Segregative cell division of the thallus. (Cited from Chang et al., 1975)

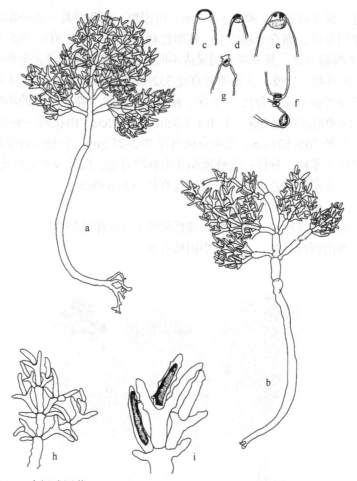

图 6B　中间叶网藻 *Phyllodictyon intermedium* (Chang et Xia) Kraft et Wynne

a, b. 藻体外形图，分枝基部具环状缢缩；c-g. 附着胞的形成过程；h. 营养枝细胞转变为生殖细胞；i. 生殖细胞开口，游动
细胞即将释放。(引自张峻甫等，1975)

Figure 6B　*Phyllodictyon intermedium* (Chang et Xia) Kraft et Wynne

a, b. Thallus with the annular constriction at the basal part; c-g. Formation of the tenacula; h. Cells of vegetative branches transferring
to the reproductive ones; i. Opening of the reproductive cells with the coming released motile cells. (Cited from Chang et al., 1975)

管枝藻科 Siphonocladaceae Schmitz, 1879: 20

藻体由 1 个圆柱状或棍棒状呈轴对称的细胞形成，其下部由产生 1 个至数个细胞的假根固着于基质上。细胞行分离分裂，产生具横斜隔壁的小细胞，形成分枝。细胞多核，叶绿体网状排列，含有多个淀粉核。

藻体的分枝细胞均可产生游动孢子，直接发育成新藻体。

模式属：管枝藻属 *Siphonocladus* Schmitz。

管枝藻科分属检索表

1. 中轴的细胞上无分枝···香蕉菜属 *Boergesenia*

香蕉菜属 *Boergesenia* Feldmann, 1938: 206

[=*Pseudovalonia* Iyengar, 1938: 194]

藻体囊状倒卵形或洋梨形，下部具柄，从柄向下生有分枝的假根固着于基质上，柄部具环状缢缩。柄的上部为囊状部，不分枝，原生质靠近细胞壁生长。叶绿体呈网状排列，含有很多淀粉核，原生质的中间具有大的液泡。

假根因分离分裂产生分隔，形成分枝多细胞，其中一些细胞生长增大形成新的囊状体围绕在母囊状体周围，呈簇生状态。

模式种：香蕉菜 *Boergesenia forbesii* (Harvey) Feldmann。

7. 香蕉菜　图 7；图版 I: 2

Boergesenia forbesii (Harvey) Feldmann, 1938: 1503; Børgesen, 1948: 21; Yamada, 1950: 174;
　　Dawson, 1954: 388, fig. 8d; 1957: 102; Gilbert, 1959: 420; Meñez, 1960: 49; Chiang,
　　1962: 169, fig. I 1-2; Valet, 1968: 37; Womersley et Bailey, 1970: 268; Chang et al., 1975:
　　32; Tseng, 1983: 272, pl. 135, fig. 3; Lewis et Norris, 1987: 10; Chiang et al., 1990: 35;
　　Yoshida, 1998: 85, fig. 1-4H; Huang, 1999: 55; Ding et al., 2015: 205.

Valonia forbesii Harvey, 1859: 333; J. Agardh, 1887: 96; Okamura, 1897: 2; Weber-van Bosse,
　　1913: 59; Yamada, 1925: 79; 1934: 36, figs.1-2; 1950: 174; Tseng, 1936a: 134, fig. 2;
　　Børgesen, 1936: 62, fig. 1; Okamura, 1936: 32; Taylor, 1950: 41.

Pseudovalonia forbesii (Harvey) Iyengar, 1938: 191, figs. 1-4.

藻体翠绿到黄绿色，簇生或单生，为多核体，囊状倒卵形或长倒卵形，稍弯曲，表面光滑，高 3-5cm，宽 0.7-1.5cm，向下渐变细，呈楔形柄状。柄圆柱状，有明显或不甚明显的环纹状缢缩。假根线状，生于柄的中下部，为多细胞分枝，多平卧附着于基质上，有的细胞可行分离分裂，向上长出与母藻体相似的囊状藻体，可达数个，常呈簇生状态。色素体多角形或不规则球状，直径 4-7μm，网状排列。成体细胞中央具有大的液泡，体壁内为一层原生质，在一定条件下，原生质能聚集形成很多小的球状体，成熟散发后，在适宜条件下可形成新的藻体，球状体直径 150-300μm。

有性生殖不明。

模式标本产地：斯里兰卡。

习性：在低潮带下的石沼中，固着于有沙子覆盖的岩石或珊瑚礁石上。

产地：台湾（恒春半岛、小琉球、绿岛、兰屿、澎湖、龟山）、海南（乐东、琼海、三亚和西沙群岛北礁）等；日本，越南，菲律宾，印度尼西亚，马来西亚，马绍尔群岛，所罗门群岛，新喀里多尼亚岛，汤加群岛，澳大利亚，印度，马尔代夫，斯里兰卡，毛里求斯，塞舌尔，马达加斯加，坦桑尼亚，肯尼亚，红海等地。

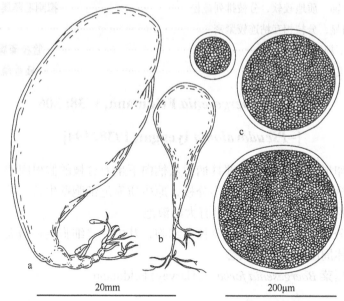

図 7　香蕉菜 *Boergesenia forbesii* (Harvey) Feldmann

a. 藻体，示环纹缢缩柄、丝状假根和幼体；b. 幼体；c. 球形体。(DNHM92-162, 20059159)

Figure 7　*Boergesenia forbesii* (Harvey) Feldmann

a. Thallus, showing the annular constricted stalk, filamentous rhizoids and juvenile thallus; b. Juvenile thallus; c. Spherical body.

(DNHM92-162, 20059159)

矮管藻属 *Chamaedoris* Montagne, 1842: 261

藻体直立，灌木状丛生，基部由分枝的假根固着于基质上。茎为一个长管状的大型细胞，圆柱状，轻度钙化，上有很多环纹。茎的上部由不规则分枝密集簇生呈头状，分枝由细胞分离分裂形成，细胞单列，在分叉处形成横隔壁，不钙化。叶绿体呈不规则多角形，盘状，网状排列，含 1 个淀粉核。

同型世代交替。

模式种：*Chamaedoris annulata* (Lamarck) Montagne [=*C. peniculum* (Ellis et Solander) Kuntze]。

8. 东方矮管藻

Chamaedoris orientalis Okamura et Higashi in Okamura, 1931: 98, pl. 10; 1932: 68, pl. 284, figs. 8-15; Shen et Fan, 1950: 323; Fan, 1963: 169; Lewis et Norris, 1987: 10; Yoshida, 1998: 85, fig. 1-5G, H.

藻体单条，直立丛生，高 7-10cm，可分成假根、茎和头状部三个部分。假根位于茎的基部，不规则分枝，固着于基质上。茎为 1 个多核的大细胞管状体，长 4-6cm，直径 1-1.5mm，其上具有密集缢缩的环纹。头状部位于茎的上部，是由许多分枝密结而成，外形呈球形、倒卵形或长椭圆形，长可达 10cm，直径 2-4cm；内有明显的中轴，中轴是茎的延长部分，分节，其节多达 28 个，在每个节上轮生 4-6 个叉状分枝，分枝多次，由细胞分离分裂形成，在分叉处有横隔壁，分枝下部直径约 400μm，向上渐细，近枝端生有附着胞，分枝彼此互相吸附。

同型世代交替，雌雄异体，同配生殖，孢子体可产生 4 条鞭毛的游动孢子，配子为 2 条鞭毛。

模式标本产地：中国台湾。

习性：在低潮线下固着于岩石上。

产地：台湾南部；日本西南部，密克罗尼西亚。

我们未采到本种标本，依据 Okamura (1932)等学者报道编写。

拟刚毛藻属 *Cladophoropsis* Børgesen, 1905: 288

藻体为单列细胞不规则分枝，主轴不明显或无，分枝密集呈松软的团块、垫状或簇生，可分成上下两层。下层分枝多平卧，无色或灰色，由多细胞的假根固着于基质上，假根分枝或否。上层分枝多直立，绿色，顶端生长；分枝或多或少，多较短，由细胞分离分裂形成，在分叉处多有横隔壁分隔或否。分枝细胞长短差异较大，细胞多核，色素体网状，侧壁生，含多个淀粉核。

无性繁殖产生游动孢子或不动孢子，由藻丝顶部或中部的营养细胞形成。

模式种：*Cladophoropsis membranacea* (Hofman Bang ex C. Agardh) Børgesen。

拟刚毛藻属分种检索表

1. 藻体由很多分枝密集形成圆柱形，不规则叉状分歧··
···**无隔拟刚毛藻** *Cladophoropsis vaucheriaeformis*
1. 藻体由众多分枝聚集形成团块状··2
　2. 藻体对生分枝··**粗壮拟刚毛藻** *C. robusta*
　2. 藻体不规则分枝··3
3. 直立枝直径多在 100μm 以下··**巽他拟刚毛藻** *C. sundanensis*
3. 直立枝直径在 100μm 以上··4
　4. 直立枝直径在 200μm 以上··**簇生拟刚毛藻** *C. fasciculatus*
　4. 直立枝直径在 200μm 以下··5
5. 直立枝细胞壁厚在 15μm 以上··**扩展拟刚毛藻** *C. herpestica*
5. 直立枝细胞壁厚在 15μm 以下··**爪哇拟刚毛藻** *C. javanica*

9. 簇生拟刚毛藻　图 8

Cladophoropsis fasciculatus (Kjellman) Børgesen, 1905: 288; Tseng, 1983: 272, pl. 135, fig. 4; Ding et al., 2015: 205.

Siphonocladus fasciculatus Kjellman, 1897: 36, pl. 7, figs. 10-17.

Cladophoropsis fasciculatus (Kjellman) Wille in Engler et Prantl, 1910: 116; Yoshida, 1998: 87, fig. 1-4I.

藻体灰绿色，质硬而粗糙，线状，分枝密集丛生呈团块，高 2-3cm。假根丝状较细，由直立枝细胞下端侧面生出，根端多具有盘状附着器，附着于邻近的直立枝，使分枝彼此粘连纠缠。直立枝较粗，直径 200-300μm，或更粗，下部分枝较少，上部稍多，不规则，偏生或互生，多少弯曲，2-3 回，下部分枝细胞较短，上部分枝细胞较长，末端小枝较长，上部稍膨胀，呈棒状。细胞间横壁多出现在分枝分叉处，细胞壁较厚，常为 10-20μm。

生殖器官不明。

模式标本产地：日本神奈川县横须贺。

习性：在潮间带固着于岩石上。

产地：台湾、广东；日本，菲律宾。

评述：Silva 等（1996）认为本种是爪哇拟刚毛藻 C. javanica 的异名，我们认为这两个种的形态差异较大。前者直立丝体明显粗，直径在 200μm 以上，细胞壁厚 10-20μm；而后者丝体直径在 200μm 以下，细胞壁厚多数在 15μm 以下。

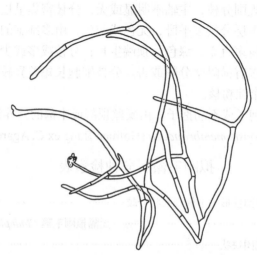

图 8　簇生拟刚毛藻 *Cladophoropsis fasciculatus* (Kjellman) Børgesen

部分藻体

Figure 8　*Cladophoropsis fasciculatus* (Kjellman) Børgesen

Part of the thallus

10. 扩展拟刚毛藻　图 9

Cladophoropsis herpestica (Montagne) Howe, 1914: 31; Setchell, 1926: 77, pl. 8, figs. 1-3; Yamada, 1944: 11; Dawson, 1954: 390, fig. 8h; Chapman, 1956: 470, fig. 130; Egerod, 1971: 123, figs.1-9; Chang et al., 1975: 32, fig. 7; Lewis et Norris, 1987: 10; Yoshida, 1998: 87; Ding et al., 2015: 205.

Conferva herpestica Montagne, 1842: 15.

Aegagropila herpestica (Montagne) Kützing, 1854: 14.

Cladophora herpestica J. Agardh, 1877: 3.

Cladophoropsis coriacea Yendo, 1920: 1.

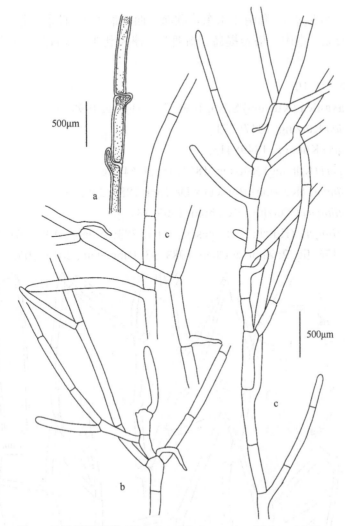

图 9　扩展拟刚毛藻 *Cladophoropsis herpestica* (Montagne) Howe

a. 小枝上部，示细胞分离分裂；b. 藻体下部，示分枝及假根枝；c. 藻体中部，示分枝及假根。（DNHM20092065）

Figure 9　*Cladophoropsis herpestica* (Montagne) Howe

a. Upper part of the branchlet, showing the segregative cells division; b. Lower part of the thallus, showing the branches and rhizoids;

c. Middle part of the thallus, showing the branches and rhizoids. (DNHM20092065)

　　藻体绿棕色，由一团疏松分枝的藻丝组成，一般体长不超过 1cm。在藻丝下部常生有分枝状假根固着于基质或其邻近藻丝上。直立枝稍密集，分枝略稀少，多偏生，少对生，上部形成的侧枝多未产生隔壁，中下部老的分枝与母枝的细胞间多有隔壁；新生侧枝的生长有超过主枝之势。主枝细胞长 400-500μm，宽（径）110-150μm，长为宽的 2.8-4.5 倍；分枝细胞长 700-850μm，宽与主枝相仿，长为宽的 5.5-7.1 倍；小枝末端细胞长 750-1700μm，宽达 120μm，长为宽的 6.5-14 倍，顶端钝圆。细胞壁较厚，16-42μm，不规则加厚，并有较厚的中胶层条纹。

　　模式标本产地：新西兰。

　　习性：在低潮带石沼中，呈垫状团块附着于岩石上或在礁湖内附着于珊瑚礁上。

产地：台湾（鹅銮鼻）、海南（乐东莺歌海、西沙群岛）；日本，越南，马来西亚，菲律宾，印度尼西亚，泰国，塔希提岛，新西兰，澳大利亚，塞舌尔，南非，索马里等。

11. 爪哇拟刚毛藻　图 10

Cladophoropsis javanica (Kützing) Silva, 1996: 792; Huang, 1999: 55.

Aegagropila javanica Kützing, 1847: 773.

Cladophora zollingeri Kützing, 1849: 415.

Aegagropila zollingeri (Kützing) Kützing, 1854: 14, pl. 64, fig. 2.

Siphonocladus zollingeri (Kützing) Bornet ex De Toni, 1889: 359.

Cladophoropsis zollingeri (Kützing) Reinbold, 1905: 147.

Cladophoropsis zollingeri (Kützing) Børgesen, 1905: 288; Chiang, 1960: 61, fig. 1f; Tseng, 1983: 274, pl. 136, fig. 2; Zhou et Chen, 1983: 93; Ding et al., 2015: 205.

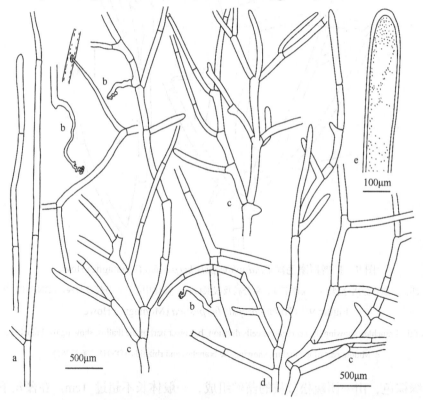

图 10　爪哇拟刚毛藻 *Cladophoropsis javanica* (Kützing) Silva

a. 小枝；b. 假根；c. 下部藻体；d. 上部藻体；e. 枝端。(DNHM20019048, 20059072)

Figure 10　*Cladophoropsis javanica* (Kützing) Silva

a. Branchlets; b. Rhizoids; c. Lower part of the thallus; d. Upper part of the thallus; e. Ramular terminus. (DNHM20019048, 20059072)

藻体绿色或深绿色，干燥后变绿褐色，藻丝稍硬，直立、斜卧或匍匐，错综密集呈垫状生长在有少量泥沙覆盖的岩礁、珊瑚礁平台或石沼中的岩石上，厚达 1-2cm，面积往往很大，随礁面而扩展。假根较少，生于丝体下端或分枝细胞基侧，表面凹凸不平，直径 40-70μm，根端多具有盘状附着胞。藻体无主轴，表面多平滑；分枝不规则，多偏生，少对生或互生，略弯曲，基细胞与分离的母枝细胞之间无隔膜或有隔膜（壁），老藻体的有隔膜多于无隔膜，枝端钝圆或微尖。藻丝上下细胞粗细较均匀，主枝细胞长 550-800μm，宽（径）80-140μm，长为宽的 3.2-8 倍，壁厚 8-10μm；分枝细胞长 700-1200μm，宽 70-120μm，长为宽的 4-10 倍，壁厚 5-12μm；小枝末端细胞长 450-1400μm，宽 65-110μm，长为宽的 5-7 倍，壁厚 5-12μm。色素体网状，含多个淀粉核。

模式标本产地：印度尼西亚爪哇岛。

习性：在中、低潮带于礁石、珊瑚礁等平台上呈垫状扩展丛生，为习见种，春季大量出现。

产地：福建、台湾、广东、广西；日本，马来群岛，印度尼西亚，印度洋热带海区。

12. 粗壮拟刚毛藻　图 11

Cladophoropsis robusta Setchell et Gardner, 1924: 714, pl. 13, fig. 16.

Struveopsis robusta (Setchell et Gardner) Rhyne et Robinson, 1968: 470; Silva, 1996: 800.

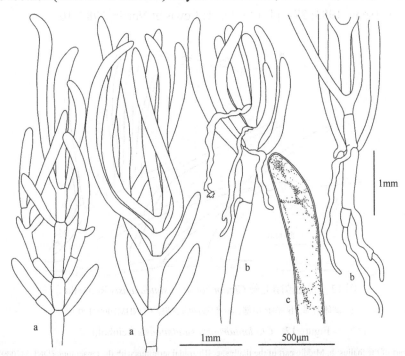

图 11　粗壮拟刚毛藻 *Cladophoropsis robusta* Setchell et Gardner

a. 上部藻体；b. 假根；c. 小枝顶端。（DNHM20092064）

Figure 11　*Cladophoropsis robusta* Setchell et Gardner

a. Upper part of the thallus; b. Rhizoids; c. Ramular terminus. (DNHM20092064)

藻体深绿色或污绿色，丛生，小半球状，高 0.5-1.5cm。假根在主枝和分枝基部向下生长固着于基质上，直径 60-130μm，根端呈盘状或爪状。藻体直立分枝密集，分枝 2-3 次，通常分枝基部细胞与母细胞间无横隔壁，但老藻体的多有横壁，横隔壁多产生在分叉处。分枝多是下部长，上部短，近伞房状。藻体下部分枝略粗，向上渐细，主枝细胞长 500-1800μm，宽 200-320μm，长为宽的 2-9 倍，壁厚 8-10μm；分枝细胞长 400-800μm，宽 150-200μm，长为宽的 2.7-5.3 倍，壁厚 8-10μm；小枝末位细胞上部稍粗，向下渐细，棒状，略弯曲，顶端尖或钝圆，长 500-2500μm，宽 140-250μm，长为宽的 4-14 倍，壁厚 8-15μm。

生殖器官不明。

模式标本产地：墨西哥下加利福尼亚。

习性：在中潮带有少量泥沙覆盖的礁平台或石沼中，固着于岩石上，常与 Cladophora 等混生。

产地：海南（乐东莺歌海）；墨西哥，孟加拉国。

中国新记录种。

13. 巽他拟刚毛藻 图 12

Cladophoropsis sundanensis Reinbold, 1905: 147; Tseng, 1936a: 137, fig. 6; Chiang, 1960: 61, fig.1G; Tseng, 1983: 274, pl. 136, fig. 1; Lewis et Norris, 1987: 10.

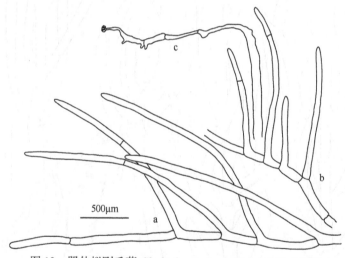

图 12　巽他拟刚毛藻 *Cladophoropsis sundanensis* Reinbold

a. 藻体上部；b. 藻体中部；c. 假根端附着胞。（DNHM20092129）

Figure 12　*Cladophoropsis sundanensis* Reinbold

a. Upper part of the thallus; b. Middle part of the thallus; c. Rhizoidal terminus with the tenaculum. (DNHM20092129)

藻体浅绿到绿色，细弱丝状，密集呈海绵状丛生附着于其他藻体上。假根稀少，生长于藻丝分枝下部，其细胞较短，根端尖或呈小盘状附着于分枝或其他基质上，直径 40-70μm。藻丝直立或斜卧，无主轴，长 1-1.5cm，分枝不规则，多偏生，少互生，上部分枝较多，下部较少，小枝末端钝圆。分枝细胞由分离分裂形成，分枝基部与母丝体之间多见无隔膜（壁），少见有隔膜，细胞壁较薄。主枝与分枝粗细差异较小，下部主枝细胞长 300-2000μm，宽（径）80-110μm，长为宽的 3.8-25 倍，壁厚 3-10μm；分枝细胞长 350-1100μm，宽 70-120μm，长为宽的 3.5-12.5 倍；小枝末端细胞长 700-1300μm，宽 60-100μm，长为宽的 9-20 倍，壁厚 3-8μm。

模式标本产地：印度尼西亚。

习性：在中、低潮带附着于爪哇拟刚毛藻 Cladophoropsis javanica 的垫状体或其他基质上，为典型的热带种类。

产地：海南（陵水、三亚、乐东莺歌海、西沙群岛）；日本，菲律宾，印度尼西亚，马来群岛，印度洋等地。

14. 无隔拟刚毛藻　图版 IV: 2

Cladophoropsis vaucheriaeformis (Areschoug) Papenfuss, 1958: 104; Yoshida, 1998: 88; Ding et al., 2015: 205.

Spongocladia vaucheriaeformis Areschoug, 1854: 202, pl. 2; Okamura, 1936: 76, fig. 38; Børgesen, 1946: 17; Womersley et Bailey, 1970: 269; Tseng, 1983: 274, pl. 136, fig. 4; Silva et al., 1996: 797.

藻体灰白色，内部浅绿色，海绵状，基部由很多藻丝扩展呈毡状层附着于基质上。从毡状层向上产生几个直立藻体。直立藻体不规则叉状分枝，呈圆柱状或扁压，枝端钝或微尖，由数百个分枝的丝状体密集而成，其丝状体圆柱状，较细，直径 116-166μm，下部生有多数小细胞，节间短，上部节间长，丝体间由附着胞彼此相互连接。

模式标本产地：毛里求斯。

习性：在潮下带附着于珊瑚礁上。

产地：海南（西沙群岛）；太平洋和印度洋的热带海域。

管枝藻属 *Siphonocladus* Schmitz, 1879: 18

藻体丛生，亚圆柱状，在主轴的基部生有多细胞的假根，固着于基质上。主轴的下部具有环纹状缢缩，上部行分离分裂，形成单列或多列的细胞体。分枝细胞也行分离分裂，产生不规则放射状或偏生分枝，1 到几回。

后选模式种：*Siphonocladus wilbergii* Schmitz [=*S. pusillus* (Kützing) Hauck]。

管枝藻属分种检索表

1. 藻体匍匐平卧呈团块状，分枝多偏生 ·············· **西沙管枝藻** *Siphonocladus xishaensis*
1. 藻体直立，单生或丛生，分枝呈放射状 ·············· **热带管枝藻** *S. tropicus*

15. 热带管枝藻　图 13

Siphonocladus tropicus (P. Crouan et H. Crouan) J. Agardh, 1887: 105; Børgesen, 1946: 14; Fan, 1963: 169; Silva et al., 1996: 797; Yoshida, 1998: 88, fig. 1-4J; Huang et Chang, 1999: 346, figs. 2-3; Ding et al., 2015: 205.

Apjohnia tropica P. Crouan et H. Crouan in Schramm et Mazé, 1865: 47.

藻体绿色，单生或簇生，直立，圆柱状，分枝，高 2-4cm，主轴明显，直径约 1mm，在生长初期藻体呈管状，基部由多细胞的假根固着于基质上。主轴下部具有环纹状的缢缩，上部主轴及分枝都有由细胞分离分裂产生的很多不规则放射状分枝或小的刺状突起，可连续 1-4 回分枝。

成熟藻体上部的细胞能形成 2 条鞭毛的游动孢子，成熟后散发，在适宜条件下可发育成新的藻体。

模式标本产地：西印度群岛、瓜德罗普（法）。

习性：在低潮线下 5m 处，固着于岩石上。

产地：台湾（南部）、广东（硇洲岛）、海南；日本，澳大利亚，塞舌尔，毛里求斯，南非，莫桑比克，索马里，也门，西印度群岛，夏威夷群岛，美国东南部等热带和亚热带海域。

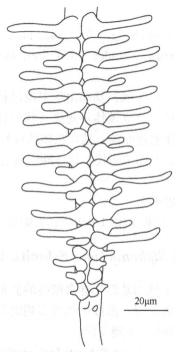

图 13　热带管枝藻 Siphonocladus tropicus (P. Crouan et H. Crouan) J. Agardh

部分藻体，示不规则放射状分枝（仿 Huang and Chang, 1999）

Figure 13　Siphonocladus tropicus (P. Crouan et H. Crouan) J. Agardh

Part of the thallus, showing irregularly radiate branches (Facsimiled from Huang and Chang, 1999)

16. 西沙管枝藻　图 14

Siphonocladus xishaensis Chang et Xia in Chang et al., 1975: 34, figs. 8-9, pl. 1, figs. 2-4; Tseng, 1983: 274, pl. 136, fig. 3; Ding et al., 2015: 205.

藻体绿色，匍匐平卧，分枝互相粘连交织成团块状，高约 1cm，较硬。基部假根缢缩不明显。藻体分枝不规则，多偏生于一侧，直径 400-800μm，有些偏生分枝细胞尚未分裂，其长短不一，长 0.5-6（-8）mm。分枝由单列细胞组成，偶见纵裂或斜裂的 2 个细胞。细胞长方形或方形，个别细胞宽大于长，细胞壁较厚，10-32（-45）μm，纹理明显。附着胞于藻体各处成群集生，附着于相邻藻丝上，不分枝或叉状分枝，末枝具长短不等的细齿或假根状分枝，背面观圆形，直径65-130μm。

模式标本产地：中国海南西沙群岛。

习性：生长在低潮带附近的珊瑚礁上。

产地：海南西沙群岛。中国特有种类。

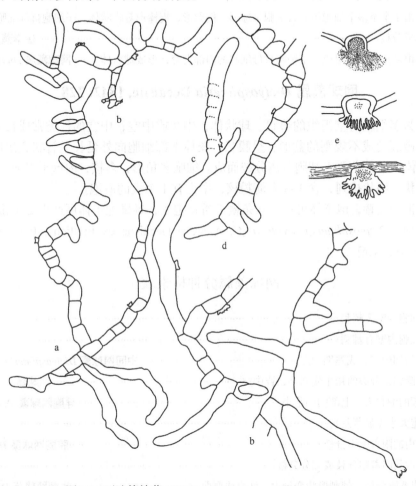

图 14　西沙管枝藻 *Siphonocladus xishaensis* Chang et Xia

a. 部分藻体；b. 部分藻体，示假根；c. 藻体初生假根，示环纹状缢缩；d. 分枝细胞纵裂；e. 附着胞。(仿张峻甫等, 1975)

Figure 14　*Siphonocladus xishaensis* Chang et Xia

a. Part of the thallus; b. Part of the thallus with the rhizoids; c. Primary rhizoids of the thallus, showing the annular constriction;

d. Longitudinal split cell of the branch; e. Tenacula. (Facsimiled from Chang et al., 1975)

法囊藻科 Valoniaceae Kützing, 1849: 507

藻体由一个大囊状细胞或分枝的多细胞组成，分离分裂产生小细胞，由小细胞或形成与母细胞相同大小的多个细胞组成枕状、球状或不规则的团块。基部由假根附着于基质上。细胞多核，叶绿体小盘状，网状排列，淀粉核有或无。

无性生殖产生游动孢子或不动孢子，亦有营养繁殖。有性生殖通常为同配。

模式属：法囊藻属 *Valonia* C. Agardh。

法囊藻科分属检索表

1. 藻体管状分枝 ··· **指枝藻属** *Valoniopsis*
1. 藻体由 1 个至多个细胞组成，囊状体或球状体··2
  2. 藻体由 1 个至多个细胞组成，细胞呈球形、倒卵形、棍棒形等囊状体，子细胞自母细胞的外部发育形成分枝 ··· **法囊藻属** *Valonia*
  2. 藻体由多角形细胞组成，子细胞自母细胞的内部发育，形成球状体 ······· **网球藻属** *Dictyosphaeria*

网球藻属 *Dictyosphaeria* Decaisne, 1842: 328

藻体为多细胞薄壁组织的垫状、球状体，中实或中空；中空的种类常成长到一定时期，上部破裂变成不规则的盆形，呈膜状；藻体下部细胞向外延长呈管状突出固着于基质上。藻体的增大主要以细胞分离分裂而成。细胞多角形，多核，内壁平滑或突出棘刺；叶绿体盘状，网状排列，含 1-3 个淀粉核，中央有 1 个大的液泡。

同型世代交替，孢子体可产生 4 条鞭毛游动孢子，雌雄配子体可产生 2 条鞭毛配子。

模式种：*Dictyosphaeria favulosa* (C. Agardh) Decaisne ex Endlicher [=*D. cavernosa* (Forsskål) Børgesen]。

网球藻属分种检索表

1. 藻体的细胞内壁无棘刺 ···2
1. 藻体的细胞内壁有棘刺 ···3
  2. 藻体幼期中实，成熟期中空 ·························· **中间网球藻** *Dictyosphaeria intermedia*
  2. 藻体除在未分裂的初生囊期外，皆中空 ·························· **网球藻** *D. cavernosa*
3. 藻体下部的细胞大，上部的细胞小································· **异胞网球藻** *D. bokotensis*
3. 藻体细胞大小无显著差别 ···4
  4. 藻体内的附着胞不分枝 ·· **腔刺网球藻** *D. spinifera*
  4. 藻体内的附着胞分枝或部分分枝 ···5
5. 藻体的附着胞分枝，棘刺形状变异大，伸直或弯曲·················· **实刺网球藻** *D. versluysii*
5. 藻体的附着胞部分分枝，棘刺形状比较单一·················· **福建网球藻** *D. fujianensis*

17. 异胞网球藻　图 15

Dictyosphaeria bokotensis Yamada, 1925: 81, fig. 1; 1934: 38-39, fig. 5; 1944: 31; 1950: 174; Okamura, 1936: 35; Shen et Fan, 1950: 322; Dawson, 1956: 28, fig. 4; Tseng et Chang, 1962: 124, pl. I, figs. 5-6; Lewis et Norris, 1987: 10; Ding et al., 2015: 206.

藻体中空，倒梨形，高达 1.3cm，宽达 0.9cm。藻体表面观的一侧，上部为密集的多角形小细胞，胞径 335-525μm，下部则为大细胞，胞径 825-1125μm；在藻体表面的另一侧，上部的细胞透明度很大，有即将瓦解而破碎的模样，上、下部的大部分细胞的大小相似。附着细胞的侧面观为方形或长方形，胞长 35-40μm，胞宽 22-72μm，不分枝，基部有较短的假根状裂瓣。棘刺短粗，长 30-42μm，宽 20-30μm，但较稀少。

模式标本产地：中国台湾的澎湖列岛。

习性：生长在大干潮线下 0.2-1m 深的死珊瑚块上。

产地：台湾（澎湖列岛和琉球屿）、海南（西沙群岛和南沙群岛）；日本，加罗林群岛，马绍尔群岛等地。

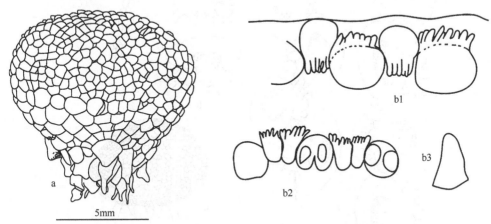

图 15　异胞网球藻 *Dictyosphaeria bokotensis* Yamada

a. 藻体侧面观；b. 附着胞的侧面观（b1），同一标本附着胞的分裂情况（b2），同一标本的棘刺（b3）

Figure 15　*Dictyosphaeria bokotensis* Yamada

a. Lateral view of the thallus; b. Lateral view (b1) and cell division (b2) of the tenacula, the intercellular spine of the same individual (b3)

18. 网球藻　图 16

Dictyosphaeria cavernosa (Forsskål) Børgesen, 1932: 2, pl. 1, fig. 1; 1940: 12; 1946: 13; Tseng, 1936a: 133, fig. 1; Taylor, 1942: 19; 1950: 43, pl. 27, fig. 2; Shen et Fan, 1950: 322; Egerod, 1952: 350, figs. 1b-f, 2f-g; Dawson, 1954: 388, fig. 8I; 1956: 29; 1957: 102; 1959: 38; Chiang, 1960: 60, pl. I, figs. e-f; Tseng et Chang, 1962: 122, pl. I, fig. 8; Chang et al., 1975: 29; Tseng, 1983: 268, pl. 133, fig. 5; Lewis et Norris, 1987: 10; Yoshida, 1998: 89, fig. 1-7C; Huang, 1999: 55; Ding et al., 2015: 206.

Ulva cavernosa Forsskål, 1775: 187.

Valonia favulosa C. Agardh, 1823: 432.

Dictyosphaeria favulosa (C. Agardh) Decaisne ex Endlicher, 1843: 18; Kützing, 1849: 512; 1857: 10, pl. 25, fig. 1; Harvey, 1858: 50, pl. 44 B; J. Agardh, 1887: 118; De Toni, 1889: 371; Heydrich, 1892: 466, pl. XXIV, figs. 6-10, pl. XXV, figs. 11-13; Weber-van Bosse, 1905: 143; 1913: 63; Okamura, 1908: 205, pl. XL, figs. 13-24; 1936: 35, fig. 16; Børgesen, 1912: 250, figs. 4-6; 1913: 33, figs. 19-22; Yamada, 1925: 81; 1934: 39; Taylor, 1928: 72, pl. 5, figs. 10, 25, pl. 11, figs. 1-5; Okamura, 1936: 35, fig. 16.

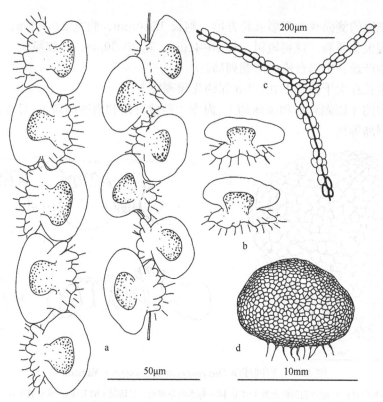

图 16　网球藻 *Dictyosphaeria cavernosa* (Forsskål) Børgesen

a. 附着胞侧面观，示排列方式；b. 附着胞侧面观；c. 藻体表面观，示细胞间的附着胞；d. 藻体外形。（DNHM20019025）

Figure 16　*Dictyosphaeria cavernosa* (Forsskål) Børgesen

a. Lateral view of the tenacula, showing the arrangement pattern; b. Lateral view of the tenacula; c. Surface view of the thallus, showing the tenacula between cells of the thallus; d. Thallus. (DNHM20019025)

　　藻体浅绿色到褐色，质地硬，中空，单生或群生，球状、半球状或倒梨状，为多细胞体，直径在 2cm 左右，藻体破裂后变成不规则的裂片，有的呈碗状。藻体壁单层细胞，表面观，呈龟纹状。细胞多角形，直径 1-3mm，个别可达 4mm，细胞内壁上无棘刺，细胞间由互生的小的附着胞相连。侧面观，附着胞近方形或近长方形，长 30-40μm，宽 20-53μm。

　　同型世代交替，雌雄异株，同配生殖。

　　模式标本产地：红海。

　　习性：在中、低潮带至大干潮线下 1m 深处，附着于岩石、石块或珊瑚礁上。

　　产地：福建（晋江、东山）、台湾（兰屿、大里、八斗子、小琉球、恒春半岛）、广东沿海、广西（涠洲岛）、海南（海南岛和西沙群岛）；日本，越南，菲律宾，马来西亚，印度尼西亚，马绍尔群岛，夏威夷群岛，塔希提岛，澳大利亚，斯里兰卡，留尼汪岛，毛里求斯，红海，佛罗里达半岛，百慕大群岛，巴拿马，西印度群岛等热带和亚热带海域。

19. 福建网球藻 图 17A，图 17B

Dictyosphaeria fujianensis Chen et Chou, 1980: 93-98; Zhou et Chen, 1983: 93.

藻体球状或扁倒梨状，直径 3-8mm，生长后期球状体往往顶端破裂呈碗状或为不规则的叶片状，其最大直径可达 2cm。藻体细胞多角形，大小不规则，直径 326-570μm，最大可达 2mm；有些细胞内壁上有棘刺，刺长 14-93μm，基部宽 7-21（-25）μm，顶端钝圆或渐细尖；棘刺在藻体上部的细胞内稀疏，在其下部的细胞内则较密。附着胞简单不分枝或为二叉，甚至三叉分枝，基部具不规则的齿状裂瓣，背面观直径为 21-90μm。假根单细胞，长 1-6mm，常具简单或分枝的附着胞，背面观直径为 54-126μm。

图 17A　福建网球藻 *Dictyosphaeria fujianensis* Chen et Chou

a, b. 同一藻体不同的侧面观；c-e. 藻体上部的细胞，示细胞内壁上的棘刺位置及棘刺放大；f-m. 附着胞形态。（引自陈灼华和周贞英，1980）

Figure 17A　*Dictyosphaeria fujianensis* Chen et Chou

a, b. Different lateral view of the same individual; c-e. Upper cells of the thallus, showing the position and magnification of the intercellular spines; f-m. Shapes of the tenacula. (Cited from Chen and Chou, 1980)

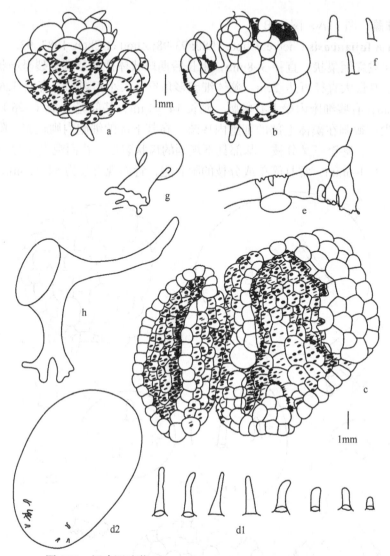

图 17B　福建网球藻 *Dictyosphaeria fujianensis* Chen et Chou

a, b. 同一藻体不同的侧面观；c. 藻体外形；d. 藻体下部的细胞示细胞内壁上的棘刺位置（d1），棘刺放大（d2）；e. 子球状体上的附着细胞；f. 子球状体细胞内壁上的棘刺放大；g, h. 假根上的附着细胞。（引自陈灼华和周贞英，1980）

Figure 17B　*Dictyosphaeria fujianensis* Chen et Chou

a, b. Different lateral views of the same individual; c. Thallus; d. Cell at the below part of the thallus showing the position of the intercellular spines (d1), magnified spines (d2); e. Tenacula cells on the globular individual; f. Magnified intercellular spines in the individual globular cell; g, h. Tenacula on the rhizoid. (Cited from Chen and Chou, 1980)

模式标本产地：中国福建东山。

习性：生长在低潮带岩石上。

产地：福建（东山）。中国特有种类。

20. 中间网球藻　图 18

Dictyosphaeria intermedia Weber-van Bosse, 1905: 143; Taylor, 1950: 42-43, pl. 27, fig. 1;

Dawson, 1957: 102, fig. 3; Tseng et Chang, 1962: 123, pl. I, fig. 7; Ding et al., 2015: 206.

藻体直径0.5-1cm，球形或呈不规则的瘤状，幼体中实，渐长则变中空。细胞多角形，胞径300-675μm，内壁无棘刺。附着胞侧面观近长方形，不分枝，但基部有较长的假根状裂瓣，胞长40-45μm，胞宽27-50μm；附着胞的背面观一般为长椭圆形。

模式标本产地：印度尼西亚爪哇岛。

习性：在风浪冲击处的中、低潮带的岩石上。

产地：海南岛澄迈县新盈，三亚市崖州区角头；印度尼西亚，马绍尔群岛。

评述：根据曾呈奎和张峻甫（1962）的描述，本种的基本特点为幼体中实，其后，内部细胞瓦解变成中空状态。因此，在生长后期与网球藻无论在外部形态上或内部解剖中均不易区别。我们的两号液浸标本中，大部分的藻体中空，最初曾疑为网球藻；其后在每号标本中均发现有中实，胞径较小，细胞内壁无棘刺的小型个体，因而定名为中间网球藻。有关中间网球藻的描述极少，其附着细胞形态，迄今还没有任何报道，根据我们在仅有的少数标本中的观察，本种附着细胞的假根状裂瓣较网球藻长。Nasr（1944）曾报道了一个终生中实和细胞内壁无刺的中间网球藻。

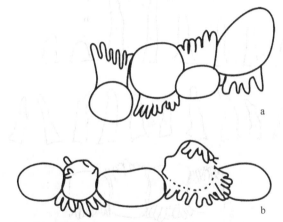

图18　中间网球藻 *Dictyosphaeria intermedia* Weber-van Bosse

附着细胞，示腹面观（b）和侧面观（a）

Figure 18　*Dictyosphaeria intermedia* Weber-van Bosse

Tenacula showing the ventral view (b) and lateral view (a)

21. 腔刺网球藻　图19；图版 I: 3

Dictyosphaeria spinifera Tseng et Chang, 1962: 124, pl. I, figs. 1-3; Chang et al., 1975: 31; Tseng, 1983: 270, pl. 134, fig. 1; Ding et al., 2015: 206.

藻体绿色，中空，幼体倒梨形，成体不规则，直径可达2cm，基部通过延长细胞固着于基质上。细胞为钝圆的多角形，直径450-900（-1350）μm；细胞内壁上生有棘刺，棘刺通常较短粗，长37-85μm，基部宽9-20μm，一般近于伸直，有时略弯曲，表面光滑或有轻微波状起伏，很少尖细。附着胞侧面观近方形，直径45-55μm，不分枝，基部有稍长的假根状裂瓣，背面观为圆形或近三角形，直径30-40μm，腹面观长方形，长45μm左右。

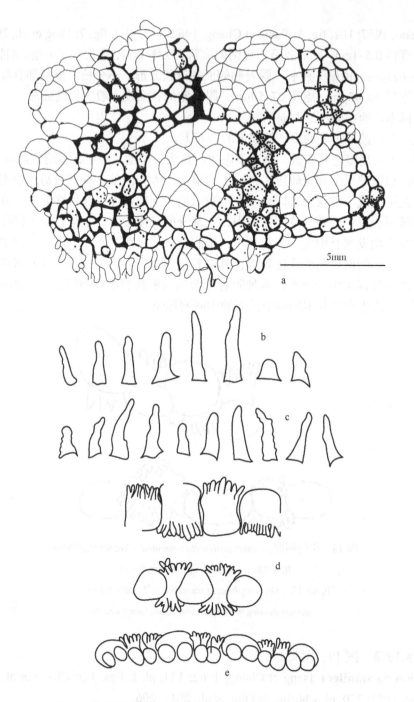

5mm

图 19　腔刺网球藻 *Dictyosphaeria spinifera* Tseng et Chang

a. 藻体外形；b. 棘刺；c. 附着胞侧观面；d. 附着胞背面观或腹面观；e. 附着胞的分裂情况

Figure 19　*Dictyosphaeria spinifera* Tseng et Chang

a. Thallus; b. Intercellular spines; c. Lateral view of the tenacula; d. Dorsal or ventral view of the tenacula; e. Cell division of the tenacula

模式标本产地：中国广东汕尾。

习性：在中低潮带，固着于岩石或珊瑚礁上。

产地：广东（汕尾）、海南（西沙群岛）。中国特有种类。

22. 实刺网球藻　图 20；图版 II: 1

Dictyosphaeria versluysii Weber-van Bosse, 1905: 144; Dawson, 1954: 388, fig. 8K-L; Isaac et Chamberlain, 1958: 133, pl. 3, fig. 2; Tseng et Chang, 1962: 126, pl. I, figs. 4, 9; Valet, 1966: 256, figs. 1-2; 1968: 36, pl. 6, fig. 6; Womersley et Bailey, 1970: 267; Chang et al., 1975: 31; Tseng, 1983: 270, pl. 134, fig. 2; Yoshida, 1998: 90; Ding et al., 2015: 206.

Dictyosphaeria vanbosseae Børgesen, 1912: 256, figs. 7-9.

Dictyosphaeria bokotensis Yamada, 1925: 81, fig. 1; Tseng et Chang, 1962: 124, pl. 1, figs. 5-6; Chang et al., 1975: 31.

Dictyosphaeria australis Setchell, 1926: 79, pl. 8, figs. 9-10.

Dictyosphaeria setchellii Børgesen, 1940: 12, figs. 1-3.

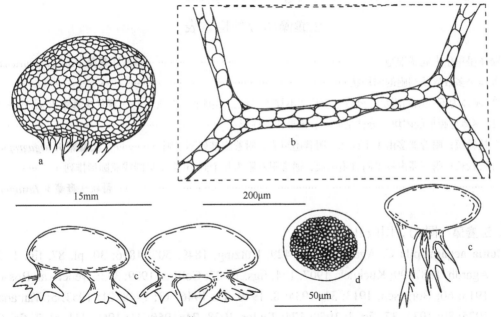

图 20　实刺网球藻 *Dictyosphaeria versluysii* Weber-van Bosse

a. 藻体外形；b. 藻体表面观，示细胞间的附着胞；c. 附着胞侧面观；d. 附着胞表面观。（DNHM20059184）

Figure 20　*Dictyosphaeria versluysii* Weber-van Bosse

a. Thallus; b. Surface view of the thallus, showing the tenacula between cells; c. Lateral view of the tenacula; d. Surface view of the tenaculum. (DNHM20059184)

　　藻体黄绿色，球状或半球状，略扁压呈垫状，直径 1-4cm，中实。细胞为多核体，多角形，直径 425-2000μm，通常在 1000μm 左右；成熟的子细胞不在一个平面上，形成假膜组织。在细胞的内壁生有单个或叉分的棘刺，刺长 40-150μm，宽 7-25μm；棘刺的形状变异很大，伸直或弯曲，顶端尖或钝，边缘平滑或有波状起伏。附着胞分枝，通常为二分，枝端有假根状裂瓣，胞长 60-100μm，不分枝部位直径 40-50μm。

　　同型世代交替，雌雄异体，同配生殖。

模式标本产地：印度尼西亚。

习性：生长在中、低潮带和大干潮线附近的岩石或珊瑚碎块上。

产地：台湾（澎湖列岛）、海南（海南岛、西沙群岛和南沙群岛）；日本，越南，加罗林群岛，印度尼西亚，马绍尔群岛，塔希提岛，澳大利亚，加拉帕戈斯群岛，毛里求斯，塞舌尔，肯尼亚，马达加斯加，索马里，坦桑尼亚，南非，西印度群岛等热带海域。

法囊藻属 *Valonia* C. Agardh, 1822: 428

藻体为多核体，由多个囊状细胞组成，基部由附着胞或假根固着于基质上。多细胞体是由多次分枝产生，分枝是由细胞行分离分裂形成，细胞呈亚球形、卵形或棒状，多紧密呈栅状排列，形成枕状或不规则的团块，团块大小不一。细胞壁上散生有小的透镜状细胞，可延伸成附着胞附着于相邻分枝；原生质靠近细胞内壁，多核，中间为大的液泡，叶绿体小盘状，网状排列，含 1 个淀粉核。

后选模式种：法囊藻 *Valonia aegagropila* C. Agardh。

法囊藻属分种检索表

1. 藻体呈单生大囊状细胞 ·· **单球法囊藻 *Valonia ventricosa***
1. 藻体呈多数囊状细胞的团块状 ··2
  2. 藻体为不规则的团块，分枝呈囊状或不规则囊状，多侧生，少顶生 ······· **囊状法囊藻 *V. utricularis***
  2. 藻体呈圆形的团块，分枝呈卵形、棒形或圆柱形 ··3
3. 分枝较短；附着器多由 1 个或几个附着胞组成，附着胞排列不规则 ················· **法囊藻 *V. aegagropila***
3. 分枝较长；附着器由较多附着胞组成，通常附着胞为几个到 10 多个呈圆或亚圆形排列 ····················
·· **帚状法囊藻 *V. fastigiata***

23. 法囊藻 图 21；图版 II: 2

Valonia aegagropila C. Agardh, 1822: 429; Kützing, 1849: 507; 1856: 30, pl. 87, fig. 1; J. Agardh, 1887: 99; Kuckuck, 1907: 174, figs. 18-22; Collins, 1909: 373; Weber-van Bosse, 1913: 60; Børgesen, 1913: 31; 1934: 8; 1940: 11; 1946: 13; 1948: 21; 1953: 5; Yamada, 1925: 80; 1934: 37, fig. 4; 1950: 174; Taylor, 1928: 74; 1950: 41; 1960: 111, pl. 7, fig. 6; 1966: 347; Tseng, 1936a: 134, fig. 3; Okamura, 1936: 33; Shen et Fan, 1950: 322; Egerod, 1952: 348, pl. 29b; Dawson, 1954: 388, fig. 8; 1956: 28; 1957: 101; Isaac et Chamberlain, 1958: 132, fig. 11, pl. 4, fig. 2; Gilbert, 1959: 418; Womersley et Bailey, 1970: 266; Tanaka et Itono, 1972: 2; Chang et al., 1975: 24, fig. 2I; Tseng, 1983: 270, pl. 134, fig. 3; Lewis et Norris, 1987: 11; Ding et al., 2015: 206.

藻体淡绿色到深绿色，多核体，由亚圆柱状细胞分枝聚集成团块状，高 15-20mm。分枝由细胞分离分裂形成，多在母细胞上端形成，直立或弯曲，2-3 叉状或 3-4 叉状，多次分枝；下部分枝多短而粗（细胞），长 3-6mm，直径 2.5-3mm，中、上部分枝长 5-8mm，直径 1.5-2mm。在分枝体壁或枝端上，常不规则散生有透镜状细胞，透镜状细胞呈圆形或椭圆形，直径 160-200μm，其细胞发育形成附着胞，附着胞可外延出盘状体，或向外生长出假根，根端呈盘状附着于相邻的分枝上，假根长 250-500μm，宽 40-82μm。

模式标本产地：意大利威尼斯。

习性：在低潮线或低潮线下，附着于珊瑚礁或岩石上。

产地：台湾（恒春半岛、小琉球）、香港、海南（海南岛、西沙群岛、南沙群岛）；日本，越南，菲律宾，印度尼西亚，马来西亚，新加坡，太平洋岛屿，太平洋东岸，印度洋，大西洋沿岸等地。

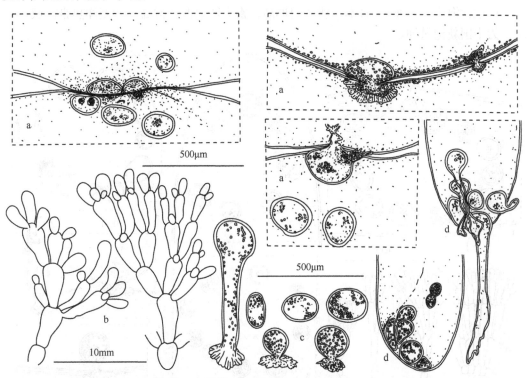

图 21　法囊藻 *Valonia aegagropila* C. Agardh

a. 因附着胞而相邻分枝互相粘连；b. 部分藻体外形；c. 附着胞；d. 枝端上的附着胞。（DNHM20059046，20059161）

Figure 21　*Valonia aegagropila* C. Agardh

a. Adhesion of adjacent branches by the tenacula; b. A part of the thallus; c. Tenacula; d. Tenacula on the ramular terminus.

(DNHM20059046, 20059161)

24. 帚状法囊藻　图 22

Valonia fastigiata Harvey ex J. Agardh, 1887: 101, pl. 1, fig. 5; Børgesen, 1936, pl. 61; Shen et Fan, 1950: 322; Womersley et Bailey, 1970: 266; Lewis et Norris, 1987: 11; Yoshida, 1998: 91; Ding et al., 2015: 206.

藻体深绿色，多核体，由许多放射状亚圆柱形或近囊形细胞紧密结合成球状或半球状的团块，高 3-4.5cm，基部生有单细胞假根固着于基质上，新鲜时质地稍硬脆。分枝在细胞的顶部，由分离分裂形成，通常 2-3 叉状，少为 4-5 叉状，略呈放射紧密排列；分枝 4-5 次或更多次；下部分枝稍短粗，亚球形、倒卵形或梨形，长 3-8mm，直径 2.5-4mm；中部分枝略长，棒状或亚圆柱状，长 9-16mm，直径 1-3mm；上部分枝稍短，棒状，长 7-15mm，直径 1-2.5mm；枝端钝圆。色素体扁豆状，沿细胞壁呈网状排列。在分枝的侧面生有很多附着器，借助于附着器，分枝相互得以紧密粘连。附着器由几个到十几个附着胞呈圆形或亚圆形排列组成，通常直径 900–1300μm。附着胞是由分枝细胞侧壁上的透镜状小细胞形成，正面观呈亚圆形，直径 20–25μm。

模式标本产地：斯里兰卡。

习性：在低潮线下 1–2m 深处，固着于岩石上。

产地：海南（三亚）；日本，所罗门群岛，密克罗尼西亚群岛，印度洋热带海域。为中国新记录种。

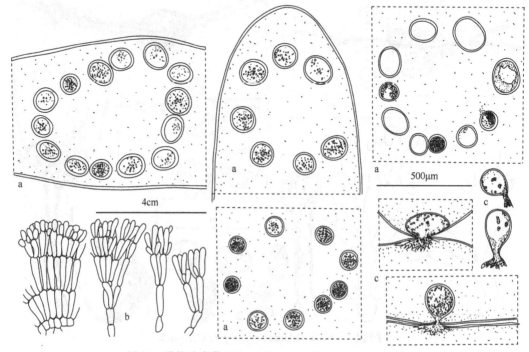

图 22　帚状法囊藻 *Valonia fastigiata* Harvey ex J. Agardh

a. 藻体附着胞，示环状排列；b. 部分藻体外形；c. 附着胞侧面观。（DNHM20092130，20140041）

Figure 22　*Valonia fastigiata* Harvey ex J. Agardh

a. Tenacula of the thallus, showing the circular arrangement pattern; b. A part of the thallus; c. Lateral view of the tenacula.

(DNHM20092130, 20140041)

25. 囊状法囊藻　图 23

Valonia utricularis (Roth) C. Agardh, 1822: 431; Kützing, 1856:30, pl. 86, figs. II b-e; Hauck, 1885: 469; Ardissone, 1886: 163; J. Agardh, 1887: 98; Kuckuck, 1907: 166, figs. 11-17; Børgesen, 1913: 30, figs. 17-18; 1925: 22; 1936: 22; 1940: 11; Taylor, 1928: 75, pl. 13, fig. 19; 1950: 41; 1960: 112, pl. 9, fig. 10; Hamel, 1930: 109; Okamura, 1931: 99 Yamada, 1934: 37, fig. 3; Okamura, 1936: 33, fig. 15; Shen et Fan, 1950: 322; Dawson, 1956: 28, fig. 3; 1957: 101; Gilbert, 1959: 420; Durairatnam, 1961: 29; Tanaka et Itono, 1972: 2; Chang et al., 1975: 25, fig. 2. 2-3, fig. 3; Tseng, 1983: 270, pl. 134, fig. 4; Lewis et Norris, 1987: 11; Yoshida, 1998: 92, fig. 1-7B; Titlyanova et al., 2012: 458, fig. 27; Ding et al.,

2015: 206.

Conferva utricularis Roth, 1797: 160, pl. I, fig. 1.

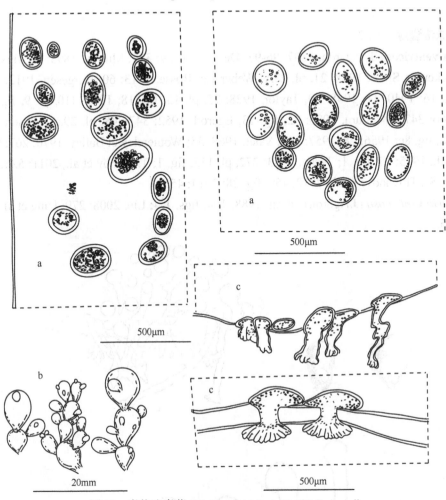

图 23　囊状法囊藻 *Valonia utricularis* (Roth) C. Agardh

a.不规则排列的附着胞表面观；b. 部分藻体外形；c. 附着胞侧面观。(DNHM92-134)

Figure 23　*Valonia utricularis* (Roth) C. Agardh

a. Surface view of arranged irregular tenacula; b. A part of thallus; c. Lateral view of the tenacula. (DNHM92-134)

藻体黄绿至深绿色，多核体，由许多梨形、倒卵形或不规则形状的囊状细胞体（分枝）密集成不规则团块，高 2-3cm，或更高，宽 50-70mm。分枝是由细胞行分离分裂形成，多为侧生，少顶生，直立或稍弓形弯曲，顶端钝圆；下部分枝长 4-8mm，宽 4-6mm；上部分枝长 5-15mm，宽 5-8mm。细胞壁上散生很多亚圆形透镜状细胞，正面观细胞直径 150-200μm，通常这些细胞可发育成附着胞。附着胞向外延伸呈盘状或假根状附着器吸附相邻的细胞体（分枝），或附着于贝壳、沙石等基质上。假根长 100-200μm，宽 40-100μm。

模式标本产地：地中海。

习性：在低潮线下 0.1-1m 深处，附着于珊瑚礁上。

产地：台湾（兰屿）、海南（三亚、西沙群岛、南沙群岛）；日本，菲律宾，马绍尔群岛，斯里兰卡，毛里求斯，波斯湾，地中海，西班牙，加那利群岛，百慕大到巴西间海域。

26. 单球法囊藻　图 24

Valonia ventricosa J. Agardh, 1887: 96-97; De Toni, 1889: 374; Murray, 1893: 50, figs. 6-10; Vickers et Shaw, 1908: 21, pl. 23A; Weber-van Bosse, 1913: 60; Børgesen, 1913: 27-29, fig. 16; 1940: 11; 1948: 20; Taylor, 1928: 75, pl. 13, fig. 18; 1960: 110, pl. 9, figs. 4-5; 1966: 347; Okamura, 1936: 32, fig. 13; Egerod, 1952: 347-348, pl. 29a; Dawson, 1954: 388, fig. 8e; 1956: 28; 1957: 101; Valet, 1968: 35; Womersley et Bailey, 1970: 267; Chang et al., 1975: 23, fig. 1; Tseng, 1983: 272, pl. 135, fig. 1; Titlyanov et al., 2011: 526; 2015: tab. SI; Titlyanova et al., 2012: 459, fig. 28; 2014: 45.

Ventricaria ventricosa (J.Agardh) Olsen, 1988: 104, figs. 1-4; Liu, 2008: 279; Ding et al., 2015: 206.

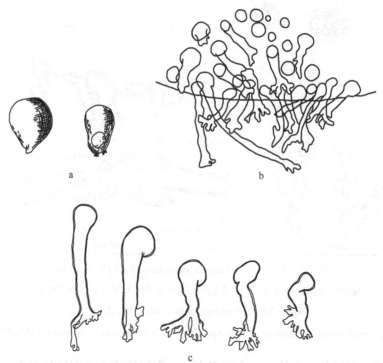

图 24　单球法囊藻 *Valonia ventricosa* J. Agardh

a. 藻体外形；b. 藻体基部假根；c. 藻体基部镜细胞及假根。（引自张峻甫等，1975）

Figure 24　*Valonia ventricosa* J. Agardh

a. Thallus; b. Rhizoids at the basal part of the thallus; c. Lenticular cells and rhizoids at the basal part of the thallus. (Cited from Chang et al., 1975)

藻体淡绿、灰绿至绿色，为单生大囊状单细胞多核体或少数群生，无柄；囊状体呈球形、倒卵形或梨形，长 14-40mm，直径 9-27mm。在藻体基部囊壁内具有许多小的透镜状细胞，直径 145-195μm，并能生长延长为小的假根。假根系单细胞，末端形成许多裂片或分枝，固着于基质上。

后选模式标本产地：法属安的列斯群岛的瓜德罗普岛。

习性：在环礁内于潮间带到低潮线下 1–2m 深处，固着于珊瑚礁上。

产地：广东、海南（海南岛、西沙群岛、南沙群岛）；日本，越南，印度尼西亚，菲律宾，马绍尔群岛，夏威夷群岛，所罗门群岛，萨摩亚群岛，社会群岛，复活节岛，印度，毛里求斯，塞舌尔，肯尼亚，索马里，坦桑尼亚，百慕大群岛，佛罗里达，墨西哥，巴拿马，多巴哥岛，巴西等热带海域。

指枝藻属 *Valoniopsis* Børgesen, 1934: 10

藻体由缠结的线状细胞呈垫状组成，厚 1–5cm。藻体呈管状，直径 1–1.5mm，长可达 5mm，顶端位置因不规则分枝而不明显，没有环状缢缩。分枝直且反曲，仅在分歧点处存在隔膜，发育于透镜状细胞，常 2–3 个生于顶部。假根发达，其上产生新的直立藻体。在靠近基质的分枝产生附生的假根细胞。缺乏附着胞。藻体细胞含许多盘状叶绿体和单个淀粉核。

模式种：指枝藻 *Valoniopsis pachynema* (G. Martens) Børgesen。

27. 指枝藻 图 25；图版 II: 3

Valoniopsis pachynema (G. Martens) Børgesen, 1934: 10, figs. 1-2; Shen et Fan, 1950: 323;
    Tseng, 1983: 272, pl. 135, fig. 2; Lewis et Norris, 1987: 11; Huang, 1999: 55; Liu, 2008: 279;
    Ding et al., 2011: 804(Appendix I); Titlyanov et al., 2011: 526; Ding et al., 2015: 203.

Bryopsis pachynema G. Martens, 1866: 24, 62, pl. IV, fig. 2.

Valonia pachynema (G. Martens) Weber-van Bosse, 1913: 61.

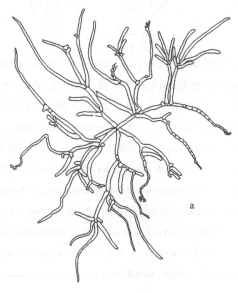

a

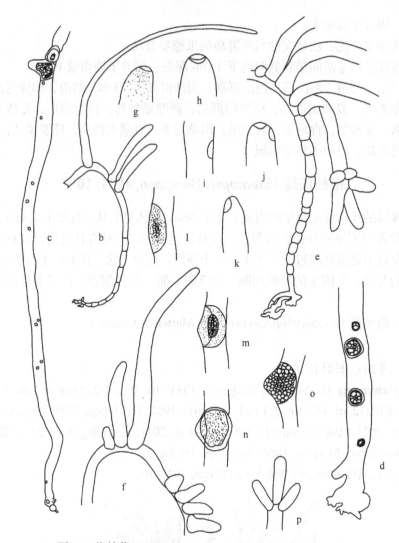

图 25　指枝藻 *Valoniopsis pachynema* (G. Martens) Børgesen

a. 藻体外形；b. 分枝简单的藻体，示其初生假根及偏生分枝；c. 图 e 中形成次生假根上部丝体的细胞内含物集中成球形的放大图；d. 次生假根柄部内球状物外围已形成的胞壁；e. 假根柄部近圆形细胞排成有顺的单细胞列；f. 藻体上生长不同程度的育枝囊；g-k. 镜细胞自育枝囊的各部位开始形成；l. 细胞内含物的堆积及镜细胞增大；m, n. 细胞内含物堆积及细胞隔壁形成，开始向外突出；o. 幼囊开始形成；p. 生长的育枝囊

Figure 25　*Valoniopsis pachynema* (G. Martens) Børgesen

a. Thallus; b. Thallus with simple branch, showing primary rhizoid and secund branches; c. Magnified cell inclusion balls at the upper
part of the secondary rhizoid in figure e; d. Formed walls around the cell inclusion balls at the stalk of the secondary rhizoid;
e. Unicell line arranged by approximate globule cells at the stalk of the rhizoid; f. Reproductive branches during the different growth
stages on the thallus; g-k. Lenticular cell formed at the various positions of the reproductive branches; l. Stacking cell inclusion and
enlargement lenticular cells; m, n. Stacking cell inclusion and cell septal formation; o. Formation of the young reproductive angium;
p. Growing reproductive branches

藻体深绿色，疏松地缠生于一起，呈宽垫状，通过初生假根和次生假根附着于基质上。新枝呈直立状生长，往往新枝变老时其生长发散、形状呈拱形。分枝偏生，呈掌状，多核细胞呈圆柱状，细胞长度 5-7mm，直径为 500-750μm。底部有一些细小透镜状细胞，藻体的不同部位能产生短枝。

模式标本产地：印度尼西亚。

习性：生长在低潮带和低潮线以下的岩石和珊瑚礁上。

产地：台湾、广东；印度-西太平洋地区。

海松藻目 CODIALES Feldmann, 1954: 97

藻体平卧至球形，或直立分枝，具有髓部和皮层的分化。髓部由密集的丝状细胞组成，而皮层由细长的棒状胞排列组成。分枝无隔膜，多核。细胞壁为甘露聚糖。叶绿体缺乏淀粉核，含管藻素和管藻黄素。配子囊由棒状胞侧面产生，异配生殖。

模式科：海松藻科 Codiaceae Kützing。

海松藻科 Codiaceae Kützing, 1843: 302, 308

藻体为多分枝的管状多核细胞体，深绿色，海绵质，平卧或直立，圆球形或分枝。分枝圆柱状或扁平，单条或叉状分枝。内部结构区分为髓部和皮层。髓部由具游离或缠绕的分枝丝体组成，其周围的小枝形成栅状的外层（皮层）。分枝无隔膜，但生殖器官形成时则以横隔膜与藻体的其他部分分隔。有性生殖为异配，配子具 2 根鞭毛，产生于具有特殊形态的配子囊内。

模式属：松藻属 *Codium* Stackhouse。

松藻属 *Codium* Stackhouse, 1797: xvi, xxiv

藻体海绵状、扁平、垫状、指状、球形、花瓣状、膜状等，或二歧分枝，直立或匍匐，分枝完全圆柱状或不同程度扁压，长度从 1cm 到 10m，有时融合在一起。假根管状分枝。内部结构区分为髓部和皮层。髓部由无色、浓密缠结、管状分枝组成。皮层由绿色栅状排列的棒状胞（囊胞）组成。管状分枝中无真正的隔膜。叶绿体缺乏淀粉核。配子囊在囊胞上侧生，具短柄，纺锤形至卵形，产生双鞭毛的配子。雌雄同株或异株。无性生殖通过孤雌生殖、碎片或配子囊残体完成。

模式种：*Codium tomentosum* Stackhouse。

松藻属分种检索表

1. 藻体分枝，多数直立生长 ···2
1. 藻体垫状或卵形，一般匍匐生长 ··7
   2. 藻体高度不超过 10cm ···················**乳头松藻海南变种 *Codium papillatum* var. *hainanense***
   2. 藻体高度超过 10cm ···3
3. 藻体节片部位膨大明显呈楔形或宽三角形 ···4
3. 藻体节片部位稍膨大或不明显或不膨大 ··6

4. 藻体高度不超过 20cm ·· **巴氏松藻 *C. bartlettii***

4. 藻体高度超过 20cm ··· 5

5. 藻体高度不超过 30cm ·· **叉开松藻 *C. subtubulosum***

5. 藻体高度超过 30cm ·· **长松藻 *C. cylindricum***

 6. 藻体高 10-30cm，直立，节片部位不明显膨大或不膨大 ············· **刺松藻 *C. fragile***

 6. 藻体高 5-10cm，匍匐或直立，节片部位稍膨大 ·············· **台湾松藻 *C. formosanum***

7. 藻体卵形 ··· **卵形松藻 *C. ovale***

7. 藻体非卵形 ·· 8

 8. 藻体呈球形的叶状突起 ··· **阿拉伯松藻 *C. arabicum***

 8. 藻体非球形叶状突起 ··· 9

9. 藻体匍匐扩展直径不超过 10cm ·· 10

9. 藻体匍匐扩展直径超过 10cm ·· 11

 10. 藻体黑绿色，配子囊长 230-310μm ································· **南湾松藻 *C. nanwanense***

 10. 藻体深绿色，配子囊长 166-182（-250）μm ···················· **杰氏松藻 *C. geppiorum***

11. 藻体匍匐扩展直径达 20cm，配子囊长 265-274μm ··············· **平卧松藻 *C. repens***

11. 藻体匍匐扩展直径可达 1m，配子囊长 270-330μm ··············· **食用松藻 *C. edule***

28. 阿拉伯松藻 图 26；图版 II: 4

Codium arabicum Kützing, 1856: 35, pl. 100, fig. II; Schmidt, 1923: 30, fig. 11; Yamada, 1925: 94; Okamura, 1936: 120; Tseng, 1936a: 167, fig. 26a; Børgesen, 1940: 61, figs. 19-20; 1948: 35, fig. 16; Shen et Fan, 1950: 326; Egerod, 1952: 382, pl. 34b, figs. 11-13; 1974: 144, figs. 50-51; Dawson, 1956: 38, fig. 24; 1957: 107; Valet, 1968: 41; Trono, 1968: 190, pl. 15, fig. 4; Jaasund, 1977: 514; Tseng et Dong, 1983: 113-114, fig. 4: 1-4; Tseng, 1983: 296, pl. 147, fig. 2; Lewis et Norris, 1987: 8; Yoshida, 1998: 127; Huang, 1999: 56; Liu, 2008: 281; Titlyanov et al., 2011: 528; Ding et al., 2015: 208.

Codium coronatum Setchell, 1926: 82, pl. 10, figs. 2-5; pl. 11, figs. 2-3; pl. 12, figs. 1, 5; Tseng, 1938: 148.

Codium coronatum var. *aggregatum* Børgesen, 1940: 63, figs. 21-22 (as '*aggregata*').

  藻体深绿色，稍海绵质，具背腹面之分，紧密地附着于基质上，幼时扁平，老时多皱、形成球形的叶状突起，高 1-3cm。成熟的棒状胞（囊胞）呈圆柱形或棍棒状，同一藻体的囊胞大小变化大，长 450-1170μm，直径 66-116μm，顶端近截形或稍圆形，顶端膜厚 3-13μm，有时具明显的泡状或筛状孔，通常在顶端以下稍缢缩。在较老的囊胞上存在丰富的毛或毛痕。髓部藻丝互相缠绕，直径 26-33（-50）μm。配子囊纺锤形，单生于囊胞上。

  模式标本产地：埃及西奈半岛。

  习性：生长于潮间带下部的岩石、珊瑚礁或珊瑚枝上。

  产地：台湾、海南（海南岛、西沙群岛）；日本，韩国，印度尼西亚，马来西亚，菲律宾，新加坡，泰国，越南，太平洋岛屿，印度洋，大西洋等地。

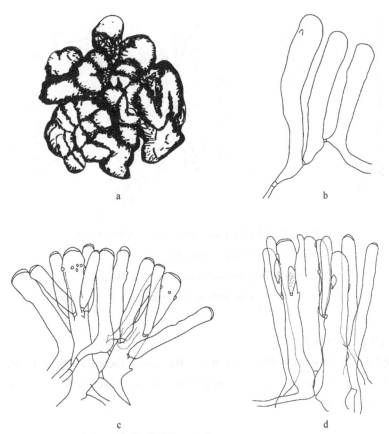

图 26　阿拉伯松藻 *Codium arabicum* Kützing

a. 藻体的部分外形图；b-d. 在同一藻体内不同形状与大小的囊胞。（AST 58-4868）

Figure 26　*Codium arabicum* Kützing

a. A part of the thallus; b-d. Various utricles from an individual.（AST 58-4868）

29. 巴氏松藻　图 27

Codium bartlettii Tseng et Gilbert, 1942: 291-293, figs. 1, 2a; Tseng, 1983: 296, pl. 147, fig. 3; Liu, 2008: 281; Ding et al., 2015: 208.

藻体深绿色，多孔，单侧亚二歧分枝，高可达 17cm，分枝叉开且具有非常宽的圆角。节片（segment）亚圆形或扁平，节片膨大部分楔形，宽达 1cm，有时同一藻体的节片通过假根彼此黏附在一起。囊胞长 700-900μm，宽 130-280μm，亚圆形或棍棒状，少数倒卵形，顶端截形，顶端膜厚 5-10μm，通常具有毛或毛痕。配子囊亚纺锤形，长 270-320μm，直径 75-90μm，1-2 个生于囊胞上。

模式标本产地：菲律宾民都洛岛的海豚湾。

习性：生长在潮间带下部的珊瑚礁石上。

产地：海南（海南岛）；印度尼西亚，菲律宾，阿曼，毛里求斯。

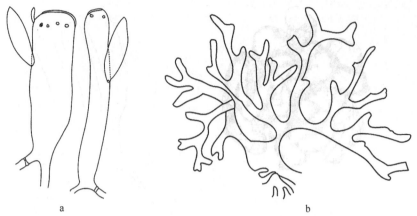

图 27　巴氏松藻 *Codium bartlettii* Tseng et Gilbert

a. 藻体囊胞；b. 藻体外形

Figure 27　*Codium bartlettii* Tseng et Gilbert

a. Utricles of the thallus；b. Thallus

30. 长松藻　图 28；图版 II: 5

Codium cylindricum Holmes, 1896: 250, pl. 7, fig. 1a-b; Tseng, 1983: 298, pl. 148, fig. 1; Zhou et Chen, 1983: 93; Lewis et Norris, 1987: 8; Yoshida, 1998: 129; Liu, 2008: 281; Ding et al., 2015: 208.

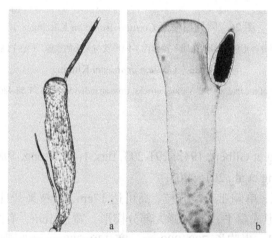

图 28　长松藻 *Codium cylindricum* Holmes

a. 囊胞，示近端部的毛；b. 囊胞，示配子囊

Figure 28　*Codium cylindricum* Holmes

a. Utricle showing the hair; b. Utricle showing the gametangium

　　藻体浅黄绿色，多孔状，非常细长，通常可达 60cm，偶尔长达 4-5m，相当规则的二叉分枝，向顶渐细长，顶端钝形，通过宽的多孔状盘附着于基质上。节片在分叉处以下部位急剧膨大，呈楔形或宽三角形，尤其在藻体的下部如此。囊胞非常大，长 1.5-2.5mm，通常直径 400-550μm，在藻体上呈肉眼可见的颗粒状。

模式标本产地：日本。

习性：生长于潮间带下部至潮下带浅水区静水处的岩石或沙石上。

产地：福建、台湾、广东、香港；韩国，日本，菲律宾，越南。

31. 食用松藻　图 29

Codium edule Silva, 1952: 392, fig. 18, pl. 35b; Chiang, 1973: 15; Chang et al., 2002: 164, figs. 1a-b, 2.

Codium intricatum Okamura, 1913: 74, pl. 120, figs. 9-13; Yamada, 1934: 79, fig. 48; Yamada, 1950: 179; Shen et Fan, 1950: 326; Chiang, 1962: 172, fig. II 3; Huang, 1999: 56.

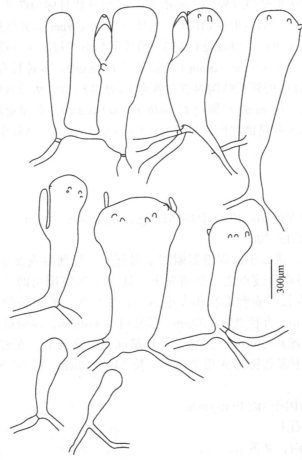

图 29　食用松藻 *Codium edule* Silva

不同形状及大小的囊胞

Figrue 29　*Codium edule* Silva

Utricles showing different shapes and sizes

藻体绵状，缠绕在一起呈覆瓦状圆丘形的团块状，分枝淡绿色至草绿色，直径常常可达 1m。分枝二歧至三歧，圆柱状，向顶渐狭，直径 3-5mm，彼此附着或通过小垫状假根结构附着于基质上，下部分枝也一直呈拱形。髓丝宽 30-80μm，通过缢缩与囊胞隔离。

中部分枝的囊胞棒状或亚圆柱状，向基部稍渐尖狭，顶端圆形。囊胞直径 100-360 （-600）μm，长 830-1200μm。分枝顶部的囊胞倒圆锥形或倒梨形，直径 70-145μm，长 275-450μm。配子囊椭圆形至长卵形，直径 65-85μm，长 270-330μm，每囊胞具 1-2 个。毛或毛痕常存在，每囊胞 2-6 根。

习性：生长在岩石、珊瑚碎片或沙地上，从潮间带至水深 15m 的珊瑚礁边缘，有时从基质上分离后则呈球状生长。

产地：台湾；夏威夷群岛，菲律宾，马尔代夫。

评述：据 Chang 等（2002）报道，食用松藻 Codium edule 之前在台湾南部被鉴定为交织松藻 C. intricatum，因为它们相近的形态学特征及当时缺乏详细的解剖学研究。然而，这两个种间存在明显的差异。C. edule 的分枝圆柱状且向顶渐狭，而 C. intricatum 的分枝扁压至圆柱状且顶端截形或稍圆形。另外，C. intricatum 的分枝集合度比 C. edule 的更紧密且交叉点更短更近。Chiang（1973）描述的在南湾每年 4 月份出现的大块状匍匐松藻藻体（之前认为是 C. intricatum）应该就是 C. edule。本种具有一个特征性的繁殖结构，其直接长出具柄的管状结构附着在囊胞上。此结构然后从母囊胞分离后作为"繁殖体"起到繁殖功能。C. edule 可能与 C. bulbopilum Setchell（萨摩亚群岛的模式标本）最相似，然而后者的囊胞是倒卵形或梨形的（Jones and Kraft, 1984; South and N'Yeurt, 1993）。

32. 台湾松藻 图 30

Codium formosanum Yamada, 1950: 180-181, figs. 1-2; Lewis et Norris, 1987: 8; Liu, 2008: 281; Ding et al., 2015: 208.

藻体高 5-10cm，通过小盘固着器附着于岩石上，稍匍匐或直立，直径 4-7mm，稍扁压或圆柱状，但在分歧点之下处稍扁压，具 3-8 次宽圆角的二歧分枝，分枝常单侧生且彼此自由生长。囊胞形状和大小不一，常棒状，或粗长的倒卵形，或细圆柱状，长 800-1200μm，直径 250-300μm，但常可达 600μm，顶端截形或稍圆形且具 8-10μm 厚的膜。髓丝约 30μm 厚。靠近分枝端部具丰富的毛，在囊胞的中上部 1-5 根，粗约 25μm。配子囊纺锤形或粗纺锤形，长 240-260μm，粗 60-80μm，生于囊胞中部以上。

模式标本产地：中国台湾 Ryukyusho。

习性：附着于岩石上。

产地：台湾；越南，塞舌尔。

评述：本种与绲缩松藻 Codium contractum Kjellman 相似，但绲缩松藻的藻体直立，墨绿色且靠近分枝顶端部位始终增粗，而台湾松藻 C. formosanum 不存在这些特征，且台湾绲缩松藻样品的囊胞比日本的普遍粗大。本种也与加利福尼亚湾的 C. cervicorne Setchell et Gardner 相似，但本种具扁压的藻体和顶端不含那么厚膜的囊胞，这与后者不同。

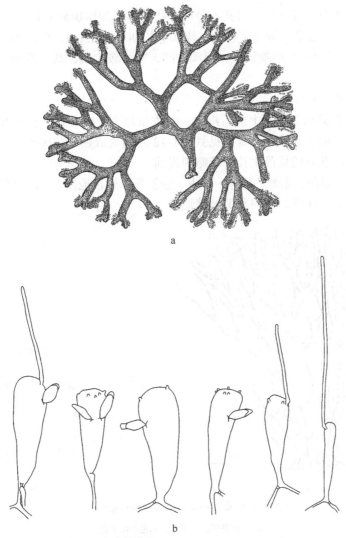

a

b

图 30 台湾松藻 *Codium formosanum* Yamada

a. 藻体外形；b. 不同形态和大小的囊胞。（引自 Yamada, 1950）

Figure 30 *Codium formosanum* Yamada

a. Thallus; b. Utricles showing different shapes and sizes.(Cited from Yamada, 1950)

33. 刺松藻 图 31；图版 I: 4

Codium fragile (Suringar) Hariot, 1889: 32-33; Tseng et al., 1962: 53, fig. 6, pl. 2, fig. 16; Tseng, 1983: 298, pl. 148, fig. 3; Zhou et Chen, 1983: 93; Lewis et Norris, 1987: 8; Yoshida, 1998: 129; Liu, 2008: 281; Tseng, 2008: 416；Ding et al., 2015: 208.

Acanthocodium fragile Suringar, 1867: 258.

藻体暗绿色，海绵质，富含汁液，幼体被覆白色绒毛，老时脱落，高 10-30cm。固着器为盘状或皮壳状，自基部向上产生叉状分枝，越向上分枝越多。分枝圆柱状，直立，腋角狭窄，顶端钝圆，直径 1.5-5mm。整个藻体由一个多分枝、管状无隔膜的多核细胞所组成。髓部为无色丝体交织，自其上分枝，枝顶膨胀为棒状胞（囊胞），形成连续的外栅状层。叶绿体小，盘状，缺乏淀粉核。棒状胞长 900-1025μm，直径 215-350μm，长为直径的 4-7 倍，呈圆柱形的棍棒状，顶端壁厚，幼时较尖锐，渐老渐钝，顶端常具有毛状突起。

模式标本产地：日本。

习性：生长在潮间带岩石上或石沼中，常大量地集生在一起。在黄海、渤海区，刺松藻的幼体在每年的 5 月或稍早开始见到，8-12 月间为成熟期，次年 1-2 月逐渐衰败。东海产的刺松藻较北方的繁茂生长季节略为提前。

产地：黄海、渤海、东海；韩国，日本，俄罗斯（远东地区），印度尼西亚，菲律宾，斯里兰卡，非洲，大洋洲，欧洲和美洲等地。

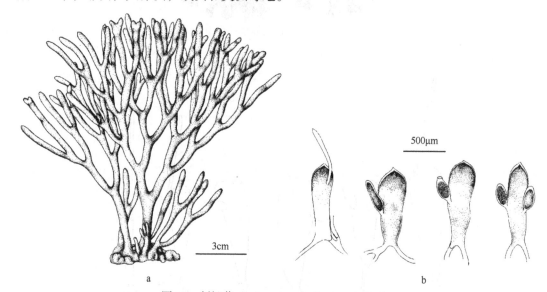

图 31　刺松藻 *Codium fragile* (Suringar) Hariot

a. 藻体外形；b. 囊胞，示毛和配子囊

Figure 31　*Codium fragile* (Suringar) Hariot

a. Thallus; b. Utricles with the gametangia and hair

34. 杰氏松藻　图 32A，图 32B

Codium geppiorum Schmidt, 1923: 50, fig. 33 (as '*geppii*'); Tseng, 1938: 148; Børgesen, 1946: 49, figs. 19-22 (in part); Dawson, 1954: 395, fig. 13k; 1956: 39; 1957: 107; 1961: 406; Durairatnam, 1961: 23, pl. 4, fig. 4, pl. 20, fig. 2; Valet, 1968: 41; Womersley et Bailey, 1970: 274; Jaasund, 1977: 514; Tseng et Dong, 1983: 116, fig. 6: 1-2, pl. I: 2; Tseng, 1983: 300, pl. 149, fig.1; Chang et al., 2002: 164, figs. 1c-d,4; Ding et al., 2015: 208.

Codium taitense Setchell, 1926: 83, pl. 12, figs. 3-4; Tseng et Dong, 1983: 117, fig. 7: 1-5, pl. I: 3; Liu, 2008: 281.

Codium divaricatum A. Gepp et E.S. Gepp, 1911: 136, 145, pl. XXII, figs. 195-199, nom. illeg.

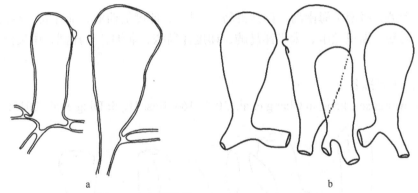

图 32A　杰氏松藻 *Codium geppiorum* Schmidt

a. 藻体分枝上的囊胞；b. 藻体分枝顶端的囊胞。（AST 76-1037）

Figure 32A　*Codium geppiorum* Schmidt

a. Utricles of the branch; b. Utricles at the apex of the branch.(AST 76-1037)

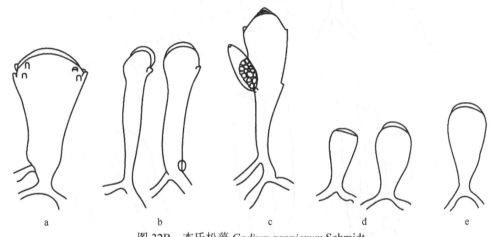

图 32B　杰氏松藻 *Codium geppiorum* Schmidt

a, b. 藻体分枝上的囊胞；c. 具有配子囊的囊胞，其顶端膜有明显的脐形突起；d, e. 藻体分枝顶端的囊胞。（AST 58-4213a）

Figure 32B　*Codium geppiorum* Schmidt

a, b. Utricles of the branch; c. Utricle with the lateral gametangium and apical umbilicated protrusion; d, e. Utricles at the apex of the branch.(AST 58-4213a)

　　藻体深绿色，匍匐生长，有时扩展呈垫状，直径约 5cm。分枝圆柱状或稍扁平，直径 1-3mm，规则或不规则的叉状至三歧分枝，互相交错而粘连，分枝上部常呈弓形弯曲，分枝各处产生丝状假根附着于基质上。囊胞亚卵形或倒亚梨形，长 330-480（-630）μm，直径（宽）100-220（-365）μm，囊胞顶端圆形或扁平，常有脐形突起，顶端膜厚 5-8（-16）μm，有时可达 20μm，具毛或毛痕。髓部藻丝互相缠绕，直径 25-50μm。配子囊梨形或纺锤形，长 166-182（-250）μm，宽 50-75（-105）μm，具柄，1-2 个生于囊胞上。

　　模式标本产地：印度尼西亚。

　　习性：生长于潮间带中下部至潮下带 0.3-1.2m 的珊瑚礁或礁湖内珊瑚枝上。

产地：台湾、海南（海南岛、西沙群岛）；日本，印度尼西亚，菲律宾，越南，新加坡，泰国，阿曼，斯里兰卡，太平洋岛屿，印度洋岛屿，非洲，大洋洲，中美洲等地。

35. 南湾松藻（新拟名） 图 33

Codium nanwanense Chang in Chang et al., 2002: 166, figs. 1E, 5; Ding et al., 2015: 208.

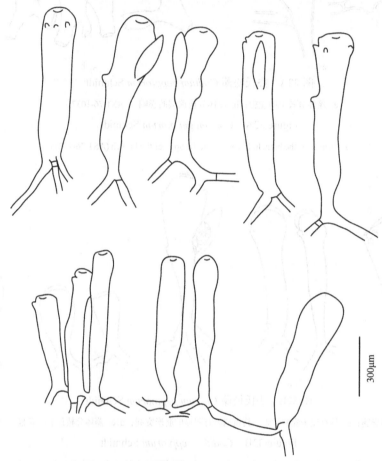

300μm

图 33　南湾松藻 *Codium nanwanense* Chang

囊胞的不同形态

Figure 33　*Codium nanwanense* Chang

Various shapes of the utricles

藻体匍匐生长，分枝圆柱状且稀疏，直径 2.7–4.6mm，二歧或亚二歧分枝，端部圆形，不同节点附着于基质上且通过假根丝体相连接，活体的分枝膨胀，深黑绿色。囊胞纤细，圆柱状，长 600–960μm，直径 90–160μm，顶圆或截形。髓丝直径 20–42μm，常常从囊胞基部成对产生，且与囊胞间有横隔。靠近囊胞顶部偶尔存在毛痕。配子囊椭圆形，长 230–310μm，宽 50–85μm，每个囊胞一个配子囊，在囊胞中部的具有一个短柄。

模式标本：标本号 Chang 89072606，采集于中国台湾省屏东县恒春半岛的后壁湖。

产地：台湾（南湾）。中国特有种类。

评述：Chang 等（2002）认为南湾松藻 *Codium nanwanense* 在形态上相似于食用松藻 *C. edule*。然而，本种容易通过黑绿色和粗细不变的稀少分枝来区分，缠绕的分枝很少彼此相互联结，枝端圆形，而 *C. edule* 的则渐狭。在分枝上，囊胞圆柱状且很少发生变化。本种也相似于在南太平洋描述的 *C. bulbopilum*（Jones and Kraft, 1984; South, 1993）。与 *C. bulbopilum* 不一样的是，*C. nanwanense* 的分枝不形成明显的圆丘状且始终在基质上扩展，囊胞非梨形。*C. nanwanese* 的囊胞在形状上也相似于交织松藻 *C. intricatum*，但前者更长更纤细。另一方面，*C. intricatum* 的藻体常常扁平，囊胞间的丝体非常短。本种的黑绿色主要由红色丝体附生物（epiphyte）引起，它布满囊胞间的空间，这很少在 *C. edule* 和杰氏松藻 *C. geppiorum* 中发现。

36. 卵形松藻　图 34

Codium ovale Zanardini, 1878: 37; Schmidt, 1923: 37, fig. 18; Dawson, 1956: 39, fig. 25; Itono, 1973: 157, fig. 1；Tseng et Dong, 1978: 44-45, fig. 2: 2-3; Yoshida, 1998: 134; Liu, 2008: 281; Ding et al., 2015: 208.

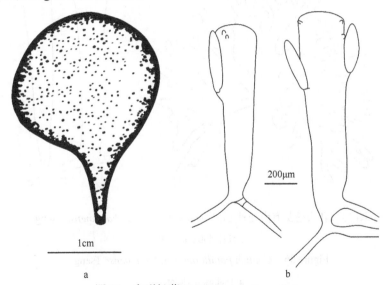

图 34　卵形松藻 *Codium ovale* Zanardini

a. 藻体外形；b. 囊胞及配子囊

Figure 34　*Codium ovale* Zanardini

a. Thallus; b. Utricles with the gametangia

藻体深绿色，卵形，扁平，高约 2.5cm，宽约 2cm。髓部丝体直径 25-35μm。囊胞圆柱形，较大，成熟的囊胞长 1030-1080μm，宽 230-280μm，囊胞上部有毛。配子囊纺锤形，长 280-360μm，宽 50-65μm，具短柄，每个囊胞具有 1（-2）个配子囊，位于囊胞的中上部一侧或两侧。

模式标本产地：印度尼西亚的伊里安岛。

习性：生长于环礁内低潮带的礁石上。

产地：海南（西沙群岛）；琉球群岛，印度尼西亚，菲律宾，斐济，塞舌尔，加勒比海等地。

37. 乳头松藻海南变种 图 35

Codium papillatum var. **hainanense** Tseng in Tseng et Gilbert, 1942: 295, fig. 2e; Tseng, 1983: 300, pl. 149, fig. 2; Ding et al., 2015: 208.

藻体绿色，似海绵质，较大且粗壮，高达 8cm，从海绵状根部团块上长出。藻体亚二歧分枝，常单侧生。节片幼时呈亚圆柱状，成熟后变成扁平，分叉部位膨胀呈宽约 1cm 的楔形。囊胞长 650-950μm，宽 150-300μm，呈亚圆柱形或倒卵形，少数具圆锥形的乳状突起，顶端截形或亚截形；顶端膜厚 15-33μm，明显分层且呈蜂窝状；存在毛和毛痕。

模式标本产地：中国海南岛。

习性：生长于潮间带下部的珊瑚礁上。

产地：我国报道产于海南省海南岛。中国特有种。

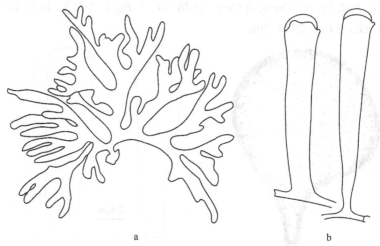

a   b

图 35　乳头松藻海南变种 *Codium papillatum* var. *hainanense* Tseng

a. 藻体外形；b. 囊胞

Figure 35　*Codium papillatum* var. *hainanense* Tseng

a. Thallus; b. Utricles

38. 平卧松藻 图 36

Codium repens P. Crouan et H. Crouan in Vickers, 1905: 56; Vickers et Shaw, 1908: 23, tab. 29; Schmidt, 1923: 43, fig. 23; Yamada, 1925: 94; 1934: 77, figs. 46-47; Yamada et Tanaka, 1938: 64; Taylor, 1928: 80, pl. 6, fig. 8, pl. 7, fig. 8; 1960: 186; Okamura, 1936: 124; Shen et Fan, 1950: 326; Chapman, 1961: 114, fig. 128a-b; Durairatnam, 1961: 23, pl. 4, fig. 5; Tseng, 1983: 300, pl. 149, fig. 3; Tseng et Dong, 1983: 115, fig. 5: 1-2, pl. I: 1; Lewis et Norris, 1987: 9; Yoshida, 1998: 134; Liu, 2008: 281; Titlyanov et al., 2011: 528; Ding et al., 2015: 208.

Codium tomentosum var. *subsimplex* P. Crouan et H. Crouan in Schramm et Mazé, 1865: 47.

藻体暗绿色，匍匐生长，通常扩展成直径达 20cm 的群体，直径 1.5-3mm，不规则至二叉分枝。分枝圆柱状或稍扁平，直径约 3mm。囊胞圆柱状，长 500-750µm，宽 83-160µm，顶端圆形或稍扁平，常见毛或毛痕。每个囊胞产生 1-2 个配子囊，配子囊具柄，卵形至粗纺锤形，长 265-274µm，直径 66-108µm。

模式标本产地：西印度群岛。

习性：生长在潮间带中下部的珊瑚礁或死珊瑚上。

产地：台湾、海南（西沙群岛）；日本，韩国，越南，斯里兰卡，埃及，美洲，太平洋岛屿，大西洋岛屿等地。

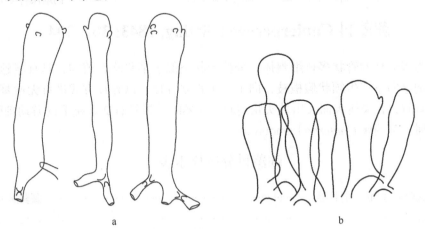

图 36　平卧松藻 *Codium repens* P. Crouan et H. Crouan

a. 藻体分枝的囊胞；b. 藻体分枝顶端的一群囊胞。（AST 76-756）

Figure 36　*Codium repens* P. Crouan et H. Crouan

a. Utricles of the branch; b. Utricles at the apex of the branch.(AST 76-756)

39. 叉开松藻

Codium subtubulosum Okamura, 1902: 189, pl. CXXXV, figs. 1-5; Yoshida, 1998: 135; Liu, 2008: 281; Tseng, 2008: 416; Ding et al., 2015: 208.

Codium divaricatum Holmes, 1896: 250, pl. 7, figs. 2a-b, nom. illeg.; Tseng, 1983: 298, pl. 148, fig. 2.

藻体深绿色，粗壮，规则的二叉分枝，高 20-30cm，通常以海绵状的宽盘附着于基质上。分枝常多少呈扁压的亚圆柱形，向顶渐狭，顶端钝形，分叉处的下部膨大呈扁平且楔形的节片。囊胞长 600-800µm，直径 170-265µm，圆柱形，顶端略呈截形，幼期顶端薄壁，之后变厚壁。

模式标本产地：日本千叶县。

习性：生长在潮间带下部的岩石上或石沼中。

产地：黄海和东海沿岸；日本，韩国，巴基斯坦，夏威夷群岛等地。

蕨藻目 CAULERPALES Feldmann, 1946: 753

藻体为多核细胞体，分枝线形至网状，由假根、匍匐茎及直立枝组成。直立枝形态各异。细胞壁含有木聚糖。叶绿体和淀粉体异形，叶绿体含有管藻素和管藻黄素。配子形成时进行减数分裂，同配或异配生殖。

模式科：蕨藻科 Caulerpaceae Kützing。

蕨藻目分科检索表

1. 藻体为多分枝的管状体 ·· 蕨藻科 Caulerpaceae
1. 藻体叉状分枝，外形呈扇形叶状，具节，扁压至扁平状 ················· 钙扇藻科 Udoteaceae

蕨藻科 Caulerpaceae Kützing, 1843: 302, 304

藻体为多分枝的管状多核细胞体，分枝形状类似于某些蕨类植物，具有蔓延的长匍匐茎，匍匐茎向下产生须状假根枝，向上产生直立分枝。以碎片方式进行无性繁殖。形成生殖器官时，在藻体表面长出乳头状突起，成熟时放散具有 2 条鞭毛的游动细胞。

模式属：蕨藻属 Caulerpa Lamouroux。

蕨藻科分属检索表

1. 藻体分枝线形、叶状、羽状等 ·· 蕨藻属 Caulerpa
1. 藻体分枝丝状 ·· 拟蕨藻属 Caulerpella

蕨藻属 Caulerpa Lamouroux, 1809: 332

藻体可区分为假根枝、匍匐茎和直立部分。直立部分的形状因种而异，线形、叶片形、羽状、海绵状和泡状等，先放射状后两侧对称分枝，顶端生长和不定生长。藻体内部无隔膜，形成多核细胞的丝状或管状体。匍匐茎碎片可行营养繁殖。异配生殖。

蕨藻一名是根据本属的种类具有匍匐茎、状似蕨类植物的特点而定。

后选模式种：Caulerpa prolifera (Forsskål) Lamouroux。

蕨藻属分种检索表

1. 藻体具轮生小枝 ··· 2
1. 藻体小枝非轮生 ··· 3
    2. 匍匐茎密生绒毛 ·· 绒毛蕨藻 Caulerpa webbiana
    2. 匍匐茎无绒毛 ··· 轮生蕨藻 C. verticillata
3. 分枝边缘具锯齿 ··· 4
3. 分枝边缘无锯齿 ··· 7
    4. 直立枝非复叉状分枝 ··· 锯叶蕨藻 C. brachypus
    4. 直立枝为复叉状分枝 ··· 5
5. 直立枝扁平，藻体很少扭曲 ·········· 齿形蕨藻宝力变种西方变型 C. serrulata var. boryana f. occidentalis
5. 藻体多少扭曲 ·· 6
    6. 直立枝下部圆柱状，向上渐呈扁圆，枝稍微螺旋状扭转 ····························· 齿形蕨藻 C. serrulata
    6. 叶状分枝通常扭曲，螺旋状弯曲，常扭曲呈小球状 ············· 齿形蕨藻宽叶变型 C. serrulata f. lata

· 50 ·

40. 锯叶蕨藻 图 37

Caulerpa brachypus Harvey, 1860: 333; Weber-van Bosse, 1898: 280, pl. 22, fig. 2; 1913: 87; Yamada, 1934: 65; Gilbert, 1942: 9, figs. 1-3; Taylor, 1950: 50, pl. 29, fig. 2; Tseng et Dong, 1978: 41, pl. I: 1; Meñez et Calumpong, 1982: 5, pl.1, fig. I; South et N' Yeurt, 1993: 113, fig. 4; Wu et al., 1998: 20, fig. 1, pl. I: 1; Ding et al., 2015: 206.

Caulerpa anceps Harvey ex J. Agardh, 1873: 9; Weber-van Bosse, 1898: 281, pl. 22, figs. 6-10; Okamura, 1913: 94, pl. 125, figs. 1-8.

Caulerpa stahlii Weber-van Bosse, 1898: 282, pl. 22, figs. 3-4.

    藻体中等大小，深绿色，由匍匐茎和向上生长的叶片两部分组成。匍匐茎圆柱形，平滑，直径约 1mm，向下产生须状假根，向上产生单条或分枝的叶片。叶片舌状，顶端钝，长约 15mm，宽约 3mm，叶缘锯齿状，一般在叶片中部边缘锯齿明显，下部常完整，叶片基部无柄或具极短的柄。

    模式标本产地：日本鹿儿岛。

习性：生长于礁湖内珊瑚沙上。

产地：台湾、海南（西沙群岛、南沙群岛）；日本，印度尼西亚，菲律宾，越南，印度洋岛屿，大洋洲，美洲，非洲等地。

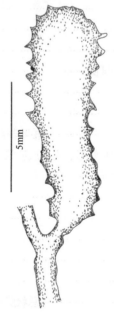

图 37 锯叶蕨藻 *Caulerpa brachypus* Harvey

部分直立枝外形

Figure 37 *Caulerpa brachypus* Harvey

A part of the erect branch

41. 盾叶蕨藻 图 38

Caulerpa chemnitzia (Esper) Lamouroux, 1809: 332; Ding et al., 2015: 206.

Fucus chemnitzia Esper, 1800: 127, pl. LXXXVIII, figs. 1: 4-6.

Caulerpa peltata Lamouroux, 1809: 332; Shen et Fan, 1950: 325; Lee, 1964: 46; Fan et al., 1978: 56; Tseng, 1983: 282, pl. 140, fig.3; Tseng et Dong, 1983: 110; Huang, 1999: 56; Titlyanov et al., 2011: 527; Ding et al., 2015: 206.

Caulerp racemosa var. *peltata* (Lamouroux) Eubank, 1946: 421, figs. r-s; Wu et al., 1998: 24, fig. 8.

藻体小，具有纤细的匍匐茎。匍匐茎向下产生假根，向上产生直立枝。直立枝高 1-2cm，二叉式分枝，其上产生 1 个至数个盾形小枝。盾形小枝的柄非常纤细，长 1-2mm，末端盾形盘直径 3-6mm，边缘完整或有浅缺刻。

模式标本产地：印度马拉巴尔。

习性：生长于环礁内低潮线下珊瑚石上。

产地：南方沿海岸；日本，印度尼西亚，马来西亚，菲律宾，新加坡，泰国，越南，太平洋岛屿，波斯湾，孟加拉国，印度，伊朗，阿曼，巴基斯坦，斯里兰卡，也门，印度洋岛屿，大洋洲，非洲，美洲，大西洋岛屿等地。

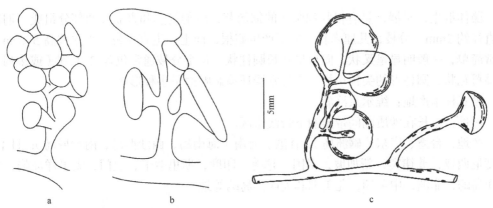

图 38 盾叶蕨藻 *Caulerpa chemnitzia* (Esper) Lamouroux

a. 密小枝；b. 盾形小枝；c. 藻体分枝。（a 和 b 引自 Lee, 1964）

Figure 38 *Caulerpa chemnitzia* (Esper) Lamouroux

a. Dense branchlets; b. Peltate branchlets; c. Branches of the thallus. (a and b cited from Lee, 1964)

42. 柏叶蕨藻 图 39

Caulerpa cupressoides (Vahl) C. Agardh, 1817: xxiii; J. Agardh, 1872: 23; Weber-van Bosse, 1898: 323, pl. 27, figs. 1-3, pl. 28, fig.1; Vickers et Shaw, 1908: 27; Børgesen, 1913: 135, figs. 108-116; Tseng, 1936a: 177, fig. 30; Gilbert, 1942: 16; Taylor, 1960: 146, pl. 15, fig.1, pl. 18, fig. 12; Durairatnam, 1961: 28; Trono, 1968: 170; Womersley et Bailey, 1970: 274; Jaasund, 1977: 512; Meñez et Calumpong, 1982: 6, pl. 1b-c; Tseng, 1983: 283, pl. 139, fig. 4; Tseng et Dong, 1983: 110-111; Coppejans et Beeckman, 1990: 113, figs. 1-7; South et N'Yeurt, 1993: 114, fig. 7; Wu et al., 1998: 21, fig. 2, pl. I: 2; Titlyanov et al., 2011: 527; Ding et al., 2015: 206.

Fucus cupressoides Vahl, 1802: 38 (as '*cupressinus*').

图 39 柏叶蕨藻 *Caulerpa cupressoides* (Vahl) C. Agardh

直立叶状枝

Figure 39 *Caulerpa cupressoides* (Vahl) C. Agardh

Erect foliar branch

藻体群生，扩展，具有粗壮和坚实的匍匐茎，由匍匐茎和直立枝两部分组成。匍匐茎直径约 2mm，分枝，几厘米长，向下产生假根，向上产生直立枝。直立枝高 5-6cm，非常简单，一般明显呈叉状，向顶呈狭长圆柱状。每个分枝通常包含 2-3 列（或多列）重叠覆瓦状、圆柱形的尖顶小枝。小枝常受环境影响而呈多种形状。

模式标本产地：维尔京群岛。

习性：生长在沙质潮间带至潮下带浅水区。

产地：台湾、广东（硇洲岛）、香港、海南（海南岛、西沙群岛、南沙群岛）；日本，印度尼西亚，菲律宾，新加坡，泰国，越南，印度，斯里兰卡，也门，太平洋岛屿，印度洋岛屿，非洲，中美洲，北美洲和大西洋岛屿等地。

柏叶蕨藻扇形变种　图 40

Caulerpa cupressoides var. **flabellata** Børgesen, 1907: 368, figs. 18-19; Taylor, 1928: 97, pl. 12, fig. 18, pl. 12, fig. 4; Taylor, 1960: 146, pl. 15, fig. 1, pl. 18, fig. 12; Wu et al., 1998: 21, fig. 3, pl. I: 3; Ding et al., 2015: 206.

图 40　柏叶蕨藻扇形变种 *Caulerpa cupressoides* var. *flabellata* Børgesen

部分直立枝外形

Figure 40　*Caulerpa cupressoides* var. *flabellata* Børgesen

A part of the erect branch

藻体深绿色，由匍匐茎和直立枝两部分组成。匍匐茎为坚实的圆柱状，直径 1.2mm，向下产生假根，向上产生直立枝。直立枝圆柱状，高可达 5cm，多为二叉式分枝，其两侧产生对生的扁平小枝，小枝顶尖。

全模标本产地：维尔京群岛。

习性：生长在水下 1m 的珊瑚礁上。

产地：海南（南沙群岛）；越南，太平洋、印度洋和大西洋海区。

43. 墨西哥蕨藻 图 41

Caulerpa mexicana Sonder ex Kützing, 1849: 496; Taylor, 1928: 96, pl. 12, figs. 18, 21;
  Coppejans et Beeckman, 1990: 118, figs. 14-18, figs. 34-35; Wu et al., 1998: 22, fig. 4, pl.
  I: 4; Ding et al., 2015: 206.

藻体深绿色，由匍匐茎和直立枝两部分组成。匍匐茎圆柱状，平滑，直径 0.5-1mm，
向下产生须状假根，向上产生直立枝。直立枝高约 2cm，两侧产生紧密对生的羽状小枝，
中肋宽约 1.5mm，羽枝长约 2.3mm，基部收缩，顶端渐尖。

模式标本产地：墨西哥大西洋沿岸。

习性：生长在水下 1m 的珊瑚礁上。

产地：海南（南沙群岛）；越南，印度尼西亚，马来西亚，菲律宾，泰国，太平洋东
海岸及太平洋岛屿，印度洋，大西洋等海域。

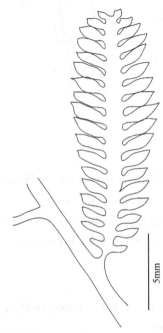

图 41　墨西哥蕨藻 *Caulerpa mexicana* Sonder ex Kützing

部分直立枝外形

Figure 41　*Caulerpa mexicana* Sonder ex Kützing

A part of the erect branch

44. 钱币状蕨藻 图 42

Caulerpa nummularia Harvey ex J. Agardh, 1873 '1872': 38; Okamura, 1931: 59, pl. 280, figs.
  13-14; 1936: 103; Jaasund, 1977: 512; Tseng et Dong, 1983: 111, fig. 2; Titlyanov et al.,
  2011: 527; Ding et al., 2015: 206.

Caulerpa peltata var. *nummularia* (Harvey ex J. Agardh) Weber-van Bosse, 1898: 376.

藻体淡绿色，较小，纤细，具匍匐茎。匍匐茎平滑，向下产生假根，向上产生直立
叶状枝。直立枝简单或分叉，其上产生 1 个至数个全缘的盾形小枝。一些盾形小枝的边

缘能产生 1-2 个具柄的圆盘状小枝，后者重复产生一串同样形状的小枝。圆盘小枝直径 2.5-5mm。

选模标本产地：汤加群岛。

习性：生长在潮间带下部的珊瑚礁上。

产地：海南（海南岛、西沙群岛）；日本，越南，太平洋岛屿，印度，斯里兰卡，波斯湾，印度洋岛屿，大洋洲，中美洲，非洲，大西洋岛屿，汤加群岛和坦桑尼亚。

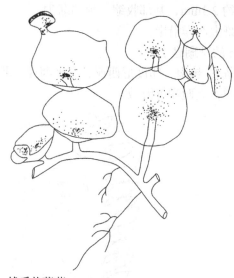

图 42　钱币状蕨藻 *Caulerpa nummularia* Harvey ex J. Agardh

藻体部分外形（58-4428）

Figure 42　*Caulerpa nummularia* Harvey ex J. Agardh

A part of the thallus (AST 58-4428)

45. 冈村蕨藻

Caulerpa okamurai(e) Weber-van Bosse in Okamura, 1897: 5, pl. I, figs. 13-14; Zhou et Chen, 1983: 93; Ding et al., 2015: 206.

藻体扩展，具匍匐茎。匍匐茎圆柱状，向上产生直立的叶状枝，向下产生假根。直立叶状枝产生 2 列对生小枝。藻体下部的小枝倒卵形，上部的椭圆形或亚棒状-圆柱状，每个小枝具有 1 个短柄。

模式标本产地：日本。

习性：生长在潮间带下部的沙质岩石上。

产地：福建；日本，韩国，太平洋岛屿，澳大利亚（昆士兰）。

46. 育枝蕨藻　图 43

Caulerpa prolifera (Forsskål) Lamouroux, 1809: 332; Veber van Bosse, 1898: 278, pl. 22, fig. 1; Børgesen, 1907: 359, figs. 5-6; 1925: 112; Taylor, 1960: 140, pl. 11, figs. 1-3; Wu et al., 1998: 22, fig. 5, pl. I: 5; Ding et al., 2015: 206.

藻体深绿色，由匍匐茎和向上生长的叶片两部分组成。匍匐茎平滑，圆柱状，直径约 2mm，向下产生须状假根，向上产生单条或偶有分枝的叶片。叶片长圆形，长约 11.4mm，宽约 3.6mm，叶缘光滑或波状，无锯齿。

产地：海南（南沙群岛）；热带和亚热带海区。

图 43　育枝蕨藻 *Caulerpa prolifera* (Forsskål) Lamouroux

部分直立枝外形

Figure 43　*Caulerpa prolifera* (Forsskål) Lamouroux

A part of the erect branch

47. 总状蕨藻　图 44；图版 I: 5

Caulerpa racemosa (Forsskål) J. Agardh, 1873'1872': 35-36; Taylor, 1960: 151, pl. 17, figs. 3-4, figs. 6-7, pl. 18, figs. 2-5, 7; Tseng, 1962: 50, fig.5, pl. II, fig. 15; Meñez et Calumpong, 1982: 7; Lu et al., 1991: 4; South et N'Yeurt, 1993: 126, fig. 19; Wu et al., 1998: 23, fig. 6; Titlyanov et al., 2011: 527; Ding et al., 2015: 206.

Fucus racemosus Forsskål, 1775: 191.

Caulerpa racemosa var. *clavifera* (Turner) Weber-van Bosse, 1898: 361-362, pl. XXXIII, figs. 1-3; Tseng, 1983: 282, pl. 140, fig. 4; Belton et al., 2014: 32-54.

Caulerpa racemosa var. *laete-virens* (Montagne) Weber-van Bosse, 1898: 366, 367, pl. 33, figs. 16, 20; Huang, 1999: 56.

Caulerpa racemosa var. *occidentalis* (J. Agardh) Børgesen, 1907, Lu et al., 1991: 4.

藻体分枝多，扩展，具匍匐茎。匍匐茎长且粗糙，分枝，在老群体中密集缠结，向下产生假根，向上产生直立枝。假根附着在基质上，延伸广，可达 1m 以上。直立枝高 1–11cm，具有两列以上的小枝。小枝末端膨胀，呈棍棒状或圆球状，具有明显的柄部。

模式标本产地：埃及苏伊士。

习性：生长在潮下带附近的岩石或珊瑚礁上和中、低潮带的浅沼中，有时假根枝附着在岩石上，很像一个大网覆盖在整个石块上。

产地：台湾、广东（南澳岛、海丰）、香港、广西（涠洲岛）、海南（海南岛、东沙群岛、西沙群岛）；日本，韩国，印度尼西亚，马来西亚，菲律宾，新加坡，泰国，越南，太平洋岛屿，西南亚印度洋沿岸，印度洋岛屿，大洋洲，非洲，美洲，欧洲，大西洋岛屿等地。本种是世界性的热带性藻类。

用途：我国台湾省兰屿居住的雅美族（达悟族）人采取食用，据称以猪油和花生油煎炸后，味极美。

名称来源：本种直立枝条上的分枝排列成总状，故称总状蕨藻。

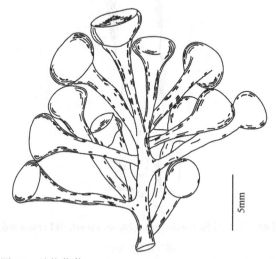

图 44 总状蕨藻 *Caulerpa racemosa* (Forsskål) J. Agardh

部分直立枝和直立小枝外形

Figure 44 *Caulerpa racemosa* (Forsskål) J. Agardh

A part of the erect branch with the erect branchlets

总状蕨藻大叶变种 图 45

Caulerpa racemosa var. **macrophysa** (Sonder ex Kützing) Taylor, 1928: 101, pl. 12, fig. 3, pl. 2C; Eubank, 1946: 420, fig. 2n; Taylor, 1950: 63; Meñez et Calumpong, 1982: 8, pl. 2C; South et N'Yeurt, 1993: 129, fig. 21; Wu et al., 1998: 23, fig. 7, pl. I: 6; Ding et al., 2015: 206.

Chauvinia macrophysa Sonder ex Kützing, 1857: 6, pl. 15, fig. II [2].

Caulerpa macrophysa (Sonder ex Kützing) Murray, 1887: 38.

Caulerpa racemosa f. *macrophysa* (Sonder ex Kützing) Weber-van Bosse, 1898: 361, pl. XXXIII, fig. 4 (as 'var. *clavifera* f. *macrophysa*').

藻体深绿色，由匍匐茎和直立枝两部分组成。匍匐茎较粗，直径可达 2mm，向下产生须状假根，向上产生直立枝。直立枝单生或有分枝，高 1-2mm，分枝顶端膨大为亚球形、球形，直径为 3.5mm。

模式标本产地：东太平洋的美洲中部。

习性：生长在水下 1m 的珊瑚礁上。

产地：台湾、海南（南沙群岛）；日本，越南，太平洋岛屿，东太平洋，印度洋，大西洋等海区。

图 45　总状蕨藻大叶变种 *Caulerpa racemosa* var. *macrophysa* (Sonder ex Kützing) Taylor

部分直立枝和直立小枝外形

Figure 45　*Caulerpa racemosa* var. *macrophysa* (Sonder ex Kützing) Taylor

A part of the erect branch with the erect branchlets

48. 齿形蕨藻　图 46；图版 II: 7

Caulerpa serrulata (Forsskål) J. Agardh, 1837: 174; Tseng, 1936a: 178, fig. 31; Taylor, 1960: 145, pl. 14, fig. 5; Womersley et Bailey, 1970: 276; Tseng et Dong, 1978: 42; Meñez et Calumpong, 1982: 9, pl. 2E; Lu et al., 1991: 42; South et N'Yeurt, 1993: 119, fig. 1; Wu et al., 1998: 25, fig. 9; Titlyanov et al., 2011: 527; Ding et al., 2015: 206.

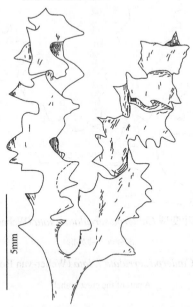

图 46　齿形蕨藻 *Caulerpa serrulata* (Forsskål) J. Agardh

部分直立枝外形

Figure 46　*Caulerpa serrulata* (Forsskål) J. Agardh

A part of the erect branch

Fucus serrulatus Forsskål, 1775: 189; Børgesen, 1932: 5.

Caulerpa freycinetii C. Agardh, 1823: 446; Weber-van Bosse, 1898: 310, pl. 25, figs. 4-11, pl. 26, figs. 1-6; Okamura, 1913: 18, pl. 105, figs. 1-3; Yamada, 1934: 69, fig. 38.

　　藻体深绿色，由匍匐茎和直立枝两部分组成。匍匐茎圆柱状，平滑，直径约 1.5mm，向下产生须状假根，向上产生直立枝。直立枝高可达 4cm，复叉状分枝，下部圆柱状，向上渐呈扁圆，枝稍螺旋状扭转，边缘有锯齿。

　　模式标本产地：也门穆哈。

　　习性：生长在水下 1m 的珊瑚礁及礁湖内沙地上。

　　产地：台湾、海南（海南岛、西沙群岛、南沙群岛）；日本，越南，印度尼西亚，马来西亚，菲律宾，新加坡，泰国，太平洋岛屿，印度，以色列，约旦，阿曼，沙特阿拉伯，斯里兰卡，也门，印度洋岛屿，大洋洲，非洲，中美洲、南美洲等热带和亚热带海域。

齿形蕨藻宽叶变型　图 47

Caulerpa serrulata f. lata (Weber-van Bosse) Tseng, 1936a: 178; Taylor, 1950: 58; Tseng, 1983: 284, pl. 141, fig. 1; Lewis et Norris, 1987: 9; Coppejans et Beeckman, 1990: 120, fig. 24; Wu et al., 1998: 26, fig. 10, pl. II1; Yoshida, 1998: 103; Ding et al., 2015: 206.

Caulerpa freycinetii f. *lata* Weber-van Bosse, 1898: 313, pl. 25, fig. 5.

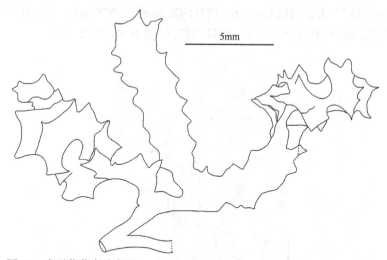

图 47　齿形蕨藻宽叶变型 *Caulerpa serrulata* f. *lata* (Weber-van Bosse) Tseng

部分直立枝外形

Figure 47　*Caulerpa serrulata* f. *lata* (Weber-van Bosse) Tseng

A part of the erect branch

　　藻体深绿色，由匍匐茎和直立枝两部分组成。匍匐茎较粗壮，裸露，分枝，直径约 2mm，向上产生直立叶状分枝，向下产生须状假根。叶状分枝通常扭曲，螺旋状弯曲，常扭曲呈小球状；具有圆柱状或扁压的叶柄，上方有狭窄、扁平的多次分枝及典型扭曲的小分枝。小分枝常见边缘锯齿和收缩。

模式标本产地：红海。

习性：生长于水下 1.5m 的沙地上及泻湖边缘的礁石上。

产地：台湾、海南（海南岛、西沙群岛、南沙群岛）；日本，印度尼西亚，菲律宾，泰国，越南，印度，斯里兰卡，印度洋岛屿等热带和亚热带地区。

齿形蕨藻宝力变种西方变型　图 48

Caulerpa serrulata var. **boryana** f. **occidentalis** (Weber-van Bosse) Yamada et Tanaka, 1938: 62; Meñez et Calumpong, 1982: 9, pl. 2F; South et N'Yeurt, 1993: 120, fig. 13; Wu et al., 1998: 26, fig. 11, pl. II2; Ding et al., 2015: 206.

Caulerpa freycinetii var. *boryana* f. *occidentalis* Weber-van Bosse, 1898: 315, pl. 25, fig. 11.

藻体深绿色，由匍匐茎和直立枝两部分组成。匍匐茎平滑，圆柱状，直径 0.5mm，向下产生须状假根，向上产生直立枝。直立枝扁平，复叉状分枝或不规则分枝，高约 4cm，宽约 1.3mm，下部 1-2 回圆柱形，较细，整个藻体很少扭曲。

习性：生长在水下 1m 的珊瑚礁上。

产地：海南（南沙群岛）；日本，菲律宾，斐济，马绍尔群岛，澳大利亚，西大西洋等海区。

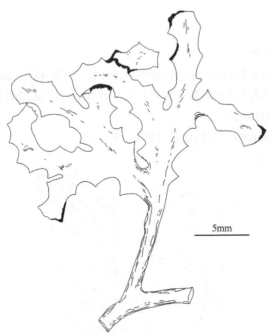

5mm

图 48　齿形蕨藻宝力变种西方变型 *Caulerpa serrulata* var. *boryana* f. *occidentalis* (Weber-van Bosse)
Yamada et Tanaka

部分直立枝外形

Figure 48　*Caulerpa serrulata* var. *boryana* f. *occidentalis* (Weber-van Bosse) Yamada et Tanaka

A part of the erect branch

49. 棒叶蕨藻　图版 II: 6

Caulerpa sertularioides (Gmelin) Howe, 1905: 576; Svedelius, 1906: 114, figs. 7-10;
　　Okamura, 1913: 36. pl. 110, figs. 1-3; Yamada, 1934: 68; Tseng, 1936a: 179; Taylor, 1960:
　　144, pl. 13; Womersley et Bailey, 1970: 277; Tseng et Dong, 1978: 42; Titlyanov et al.,
　　2011: 527; Ding et al., 2015: 206.

Fucus sertularioides Gmelin, 1768: 151, pl. 15, fig. 4.

Caulerpa plumaris (Forsskål) C. Agardh, 1822/3: 436; Weber-van Bosse, 1898: 294, pl. 24,
　　figs. 4-6.

　　藻体黄绿色，具匍匐茎。匍匐茎圆柱状，平滑，向下产生须状假根，向上产生单条
或分枝的直立枝。直立枝两侧有对生（或拟对生）羽枝。羽枝针状或圆柱状，上部弯曲，
基部与端部等粗或稍粗。

　　模式标本产地：未知，可能在热带美洲大西洋沿岸。

　　习性：生长于环礁内珊瑚沙上。

　　产地：台湾、海南（海南岛、西沙群岛）；日本，印度尼西亚，马来西亚，菲律
宾，新加坡，泰国，越南，太平洋岛屿，印度，伊朗，约旦，阿曼，巴基斯坦，沙特
阿拉伯，斯里兰卡，也门，印度洋岛屿，大洋洲，非洲，美洲，欧洲，大西洋岛屿等
地的热带海域。

棒叶蕨藻长柄变型　图 49

Caulerpa sertularioides f. longipes (J. Agardh) Collins, 1909: 415; Lee, 1964: 46, pl.4, fig.8;
　　Lewis et Norris, 1987: 9; Yoshida, 1998: 103; Titlyanova et al., 2014: 46; Ding et al., 2015:
　　206; Phang et al., 2016: 24.

Caulerpa plumaris var. *longipes* J. Agardh, 1873: 15.

图 49　棒叶蕨藻长柄变型 *Caulerpa sertularioides* f. *longipes* (J. Agardh) Collins

藻体直立枝（引自 Lee, 1964）

Figure 49　*Caulerpa sertularioides* f. *longipes* (J. Agardh) Collins

Erect branch of the thallus (Cited from Lee, 1964)

藻体小，匍匐茎直径 0.4-0.5mm，直立枝高 1-3cm，简单或分枝。羽状小枝近圆柱状，长宽比为 6-10。藻体干燥后不粘在纸上。

习性：漂来，在潮间带沙质海滩上可见。

产地：台湾、香港、海南（海南岛）；日本，印度尼西亚，菲律宾，泰国，越南，热带及亚热带大西洋西部。

棒叶蕨藻长鬃变型（新拟名）

Caulerpa sertularioides f. longiseta (Bory de Saint-Vincent) Svedelius, 1906: 114-115, fig. 10; Tseng, 1983: 284, pl. 141, fig. 2.

Caulerpa plumaris var. *longiseta* Bory de Saint-Vincent, 1828: 194, pl. 22, fig. 4.

藻体扩展，具匍匐茎。匍匐茎粗、裸露且分枝，向上产生直立叶状分枝，向下产生粗壮的假根状分枝。直立分枝的叶片平而简单，高度一般不超过 5cm；具柄，柄长达 4mm，其上产生长达 6mm 的长线状圆柱形羽片。

模式标本产地：未知。

习性：生长在潮间带中部或下部覆盖沙子的珊瑚礁上。

产地：广东（硇洲岛），海南（海南岛、西沙群岛）；印度尼西亚，菲律宾，新加坡，泰国，越南，印度，斯里兰卡，毛里求斯，坦桑尼亚，中美洲、南美洲等地。

50. 杉叶蕨藻　图 50；图版 II: 8

Caulerpa taxifolia (Vahl) C. Agardh, 1817: xxii; Weber-van Bosse, 1913: 100; Okamura, 1913: 38, pl. 110, figs. 4-5; Yamada, 1934: 67, figs. 36-37; Tseng, 1936a: 180; Dawson, 1956: 35, fig. 17; Tseng et Dong, 1978: 42; Tseng, 1983: 284, pl. 141, fig. 3; Coppejans et Beeckman, 1990: 122, figs. 36-39; South et N'Yeurt, 1993: 122, fig. 17; Wu et al., 1998: 27, fig. 12, pl. II: 3; Titlyanov et al., 2011: 527; Ding et al., 2015: 206.

Fucus taxifolius Vahl, 1802: 36.

藻体深绿色，具匍匐茎。匍匐茎圆柱状，平滑，延伸性扩展，较粗壮，裸露，直径约 1mm，向上产生直立枝，向下产生须状假根。直立枝经常紧密地结合在一起，具 1-3cm 的长茎，简单或较少的分枝，两侧常对生羽状小枝。羽状小枝镰刀状，长约 6mm，宽约 1mm，呈扁平线状、长圆形至线形，上方稍弯曲，基部明显缢缩，羽状复叶定期反向。

模式标本产地：维尔京群岛。

习性：生长在潮间带下部的沙子或砂质岩石上，礁湖内珊瑚枝上或礁湖外缘水下 2m 处。

产地：台湾、广东（硇洲岛）、香港、海南（海南岛、西沙群岛、南沙群岛）；日本，印度尼西亚，马来西亚，菲律宾，新加坡，泰国，越南，太平洋岛屿，波斯湾，孟加拉国，印度，伊朗，巴基斯坦，斯里兰卡，也门，印度洋岛屿，大洋洲，非洲，美洲，欧洲，大西洋岛屿等地。

图 50 杉叶蕨藻 *Caulerpa taxifolia* (Vahl) C. Agardh

藻体分枝（部分）

Figrue 50 *Caulerpa taxifolia* (Vahl) C. Agardh

Erect branch of the thallus (A Part)

51. 乌微里蕨藻　图 51

Caulerpa urvilleana Montagne, 1845: 21 (as '*urvilliana*'); Weber-van Bosse, 1898: 318, pl. 26, figs. 7-12; Børgesen, 1907: 370; Taylor, 1950: 60, pl. 32, fig. 1; Meñez et Calumpong, 1982: 10, pl. 3D-E; South et N'Yeurt, 1993: 123, fig. 14; Wu et al., 1998: 27, fig. 13, pl. II: 4; Ding et al., 2015: 206.

图 51　乌微里蕨藻 *Caulerpa urvilleana* Montagne

部分直立枝外形

Figure 51 *Caulerpa urvilleana* Montagne

A part of the erect branch

藻体深绿色，由匍匐茎和直立枝两部分组成。匍匐茎较坚实且较长，直径达 2.5mm，向下产生须状假根，向上产生直立枝。直立枝圆柱状，高约 5cm，二叉或不规则分枝，其第一至第二分枝表面扁压，光滑，上部分枝圆柱状，分枝周围有多突起，突起的基部较宽，顶端尖细。

模式标本产地：澳大利亚 Toud Island。

习性：生长在水下 1m 的珊瑚沙中的礁石上。

产地：海南（南沙群岛）；西太平洋及岛屿，印度洋和西大西洋等海区。

52. 轮生蕨藻　图 52

Caulerpa verticillata J. Agardh, 1847: 6; Weber-van Bosse, 1898: 267, pl. 20, fig. 106; Børgesen, 1907: 46, figs. 1,3; Taylor, 1928: 103, pl. 12, fig. 7, pl. 13, fig. 2; Tseng, 1936a: 175; Taylor, 1950: 54; 1960: 138, pl. 10, figs. 1-3; Meñez et Calumpong, 1982: 10, pl. 3A-C; Tseng, 1983: 284, pl. 141. fig. 4; Coppejans et Beeckman, 1990: 124, figs. 28-32; South et N'Yeurt, 1993: 114, fig. 6; Wu et al., 1998: 28, fig. 14, pl. II: 5; Titlyanov et al., 2011: 527; Ding et al., 2015: 206.

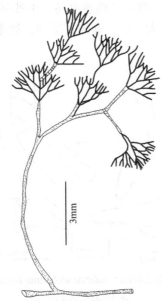

图 52　轮生蕨藻 *Caulerpa verticillata* J. Agardh

藻体分枝（部分）

Figure 52　*Caulerpa verticillata* J. Agardh

Branch of the thallus (a part)

藻体深绿色，丛生，具匍匐茎。匍匐茎纤细、裸露且具丰富的分枝，向下产生假根分枝，向上产生直立的叶状分枝。直立分枝简单或不规则分叉，高达 2cm，下方多少裸露，各分枝端部产生明显轮生的小枝，二歧分枝 5-7 次，分叉处不缢缩。

模式标本产地：未知。

习性：生长在潮间带中部覆盖泥沙的石岩上。

产地：海南（海南岛、南沙群岛）；日本，印度尼西亚，越南，马来西亚，菲律宾，新加坡，泰国，太平洋岛屿，印度，斯里兰卡，印度洋岛屿，大洋洲，非洲，美洲，大西洋岛屿等地。

53. 绒毛蕨藻　图 53

Caulerpa webbiana Montagne, 1837: 354; Weber-van Bosse, 1898: 269, pl. 21, figs. 1-4; Børgesen, 1925: 109, fig. 1; 1934: 64; Yamada, 1934: 64; Tseng, 1936b: 178; Taylor, 1960: 139, pl. 10, fig. 10; Womersley et Bailey, 1970: 278; Tseng et Dong, 1978: 42; Meñez et Calumpong, 1982: 19, pl. 124, fig. 1; Zhou et Chen, 1983: 93; Lewis et Norris, 1987: 9; South et N'Yeurt, 1993: 124, fig. 15; Wu et al., 1998: 29, fig. 15, pl. II: 6; Ding et al., 2015: 206.

藻体小，紧密成团，具匍匐茎。匍匐茎密生毛茸。直立枝高约 1cm，具有短而轮生的小枝。小枝叉状分枝，密集，顶端尖细。

模式标本产地：加那利群岛。

习性：生长于环礁内礁石上。

产地：福建（东山）、台湾、海南（西沙群岛、南沙群岛）；菲律宾，越南，太平洋岛屿，斯里兰卡，印度洋岛屿，大洋洲，非洲，美洲，加那利群岛等地的热带海域。

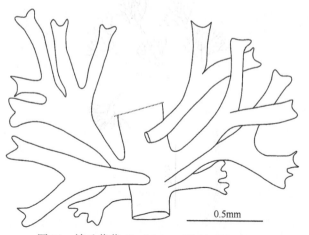

图 53　绒毛蕨藻 *Caulerpa webbiana* Montagne

藻体分枝（部分）

Figure 53　*Caulerpa webbiana* Montagne

Branch of the thallus (a part)

拟蕨藻属 *Caulerpella* Prud'Homme van Reine et Lokhorst, 1992: 114

藻体由丝状分枝组成，丛生，高达 2cm，分枝状假根发达，基部具匍匐茎。匍匐茎不规则分枝，波状外形，直径 85-210μm。直立轴下部少分枝，上部放射状或二歧分枝，小枝基部缢缩或否。细胞多核，含有许多小盘状叶绿体。无性繁殖通过匍匐茎的营养脱落或产生游孢子囊方式进行。有性繁殖未知，大概类似于蕨藻 *Caulerpa*。

模式种：含糊拟蕨藻 *Caulerpella ambigua* (Okamura) Prud'Homme van Reine et Lokhorst。

54. 含糊拟蕨藻　图 54

Caulerpella ambigua (Okamura) Prud'Homme van Reine et Lokhorst, 1992: 114; Titlyanov et al., 2011: 527; Titlyanova et al., 2012: 460, fig. 31; Ding et al., 2015: 207.

Caulerpa ambigua Okamura, 1897: 4, pl. I, figs. 3-12; Okamura, 1931: 101; Eubank, 1946: 410; Shen et Fan, 1950: 325; Egerod, 1952: 368; Dawson, 1954: 392, fig. 9f; 1956: 36, fig. 19; Pham-Hoàng, 1969: 492; Saraya et Trono, 1980: 15.

Caulerpa vickersiae Børgesen, 1911: 129-132, fig. 2.

Caulerpa vickersiae var. *luxurians* Taylor, 1928: 104, pl. 12, fig. 20, pl. 13, fig. 12.

Caulerpa vickersiae var. *furcifolia* Taylor, 1933: 396.

Caulerpa ambigua var. *luxurians* (Taylor) Eubank, 1946: 414.

Caulerpa biloba Kemperman et Stegenga, 1983: 271, figs. 1-7.

藻体绿色，细小，柔弱，高 5-8（10）mm。匍匐茎直径 300-400μm，产生二叉分枝的假根。直立轴直径 100μm。小枝对生，大多数互生，直径 70-80μm，长可达 270μm，基部缢缩，顶端钝圆。

模式标本产地：日本小笠原群岛。

习性：与沙菜一起生长在潮下带的死珊瑚上。

产地：台湾、海南（三亚）；日本，韩国，印度尼西亚，菲律宾，越南，太平洋岛屿，印度洋岛屿，大洋洲，非洲，美洲，大西洋岛屿。

图 54　含糊拟蕨藻 *Caulerpella ambigua* (Okamura) Prud'Homme van Reine et Lokhorst

a. 藻体部分分枝；b. 小枝。（引自 Titlyanova et al., 2012）

Figure 54　*Caulerpella ambigua* (Okamura) Prud'Homme van Reine et Lokhorst

a. Branches of the thallus (a part); b. Branchlet.（Cited from Titlyanova et al., 2012）

钙扇藻科 Udoteaceae J. Agardh, 1887: 12

藻体叉状分枝，外形呈非钙化的扇形叶状至重度包被的具节扁压至扁平状。扁平部分由具有髓部和皮层分化的分枝丝体结合在一起呈囊状而形成。含异生的叶绿体和淀粉形成体（amyloplast），细胞壁含木聚糖。配子囊由内部管状丝体或外部侧生长分枝发育而来，单生或群生，异配生殖。

钙扇藻科分属检索表

绒扇藻属 *Avrainvillea* Decaisne, 1842: 108

　　藻体由 1 或多个具柄的叶片和固着器组成。固着器由假根相互交织，构成结实的团块，绿色或浅黄色，干燥标本呈黑褐色。柄单生，不分枝，其上产生单个顶生叶片，或分枝 1 至数次并分别产生单个顶生叶片。叶片形状不一，多数扇形、长圆形、肾形至扁压，高 2-30cm（包括柄），不钙化，通常黄色或褐色，环纹存在或否，由真正的无隔管状丝体组成。管状丝体圆柱状，扭曲，近念珠状或念珠状，紧密或疏松地聚在一起，二叉状分枝，缺乏侧生小枝，分叉处上部常常缢缩，顶端钝圆、尖顶、线形、钩状或棒状。营养繁殖常见。生殖多半靠着生在较短的表面丝体的顶端产生子囊。

　　该属生长在热带和亚热带沿海，中国已发现 7 种。

　　模式种：黑色绒扇藻 *Avrainvillea nigricans* Decaisne。

绒扇藻属分种检索表

55. 群栖绒扇藻　图 55

Avrainvillea amadelpha (Montagne) A. Gepp et E.S. Gepp, 1908: 178, pl. 23, fig. 20, pl. 24, figs. 21-22; Børgesen, 1940: 54; 1948: 33, figs. 14-15; Olsen-Stojkovich, 1985: 36, fig. 19, pl. 7a; Tseng et al., 2004: 172, fig. 1, pl. I: 1; Ding et al., 2015: 207.

Udotea amadelpha Montagne, 1857: 136.

Avrainvillea lacerate var. *robustior* A. Gepp et E.S. Gepp, 1911: 38-39, 139, pl. XIII, figs. 108-109.

Cloroplegma sordidum Zanardini, 1858: 290, tab. XIII, fig. 1.

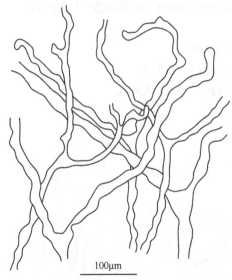

图 55　群栖绒扇藻 *Avrainvillea amadelpha* (Montagne) A. Gepp et E.S. Gepp

叶片的藻丝（AST 58-3999）

Figure 55　*Avrainvillea amadelpha* (Montagne) A. Gepp et E.S. Gepp

Filaments of the blade (AST 58-3999)

　　藻体密集丛生，天鹅绒状，高约 6cm（包括固着器）。固着器团块状，其上产生许多亚圆柱形或略扁的柄。柄长 0.5-2cm，宽约 2mm，具有分枝，在每一分枝上有一顶生叶片。叶片褐绿色，比较薄且小，长 0.8-2.5cm，宽 0.5-2cm，亚楔形或亚长圆形，叶缘浅缺裂或平滑，叶面无环纹。叶片皮层藻丝圆管状，有时不规则近念珠状，棕色，直径 15-26μm；丝体顶端圆形，由皮层向外逐渐变细，直径 8-13μm，在叶片表面形成紧密交织的假皮层。假皮层藻丝透明，近念珠状，常常不规则弯曲，有时丝体顶端形成钩状，顶端圆形。藻丝在叉分处的相同部位常常有或浅或深的缢缩。

模式标本产地：马达加斯加。

习性：生长在低潮线下 0.5-1m 深的环礁缝隙上。

产地：海南（西沙群岛）；日本，印度尼西亚，新加坡，泰国，越南，太平洋岛屿，波斯湾，印度，约旦，科威特，沙特阿拉伯，斯里兰卡，印度洋岛屿，大洋洲，非洲等地。

评述：群栖绒扇藻 *A. amadelpha*（Montagne）A. Gepp et E.S. Gepp 的藻丝直径很相似于裂片绒扇藻 *A. lacerata* J. Agardh（Tseng, 1938）和长茎绒扇藻 *A. longicaulis*（Kützing）Murray et Boodle（Olsen-Stojkovich, 1985: 29），但是，本种不同于其他两种绒扇藻的是它的藻体丛生、天鹅线的外形及叶片表面的假皮层。

56. 直立绒扇藻　图 56

Avrainvillea erecta (Berkeley) A. Gepp et E.S. Gepp, 1911: 29-32, pl. X, fig. 89; Yamada, 1934: 73, fig. 41; Tseng, 1938: 145, fig. 3; Tseng, 1983: 286, pl. 142, fig. 1; Titlyanov et al., 2011: 527; Ding et al., 2015: 207.

Dichonema erectum Berkeley, 1842: 157, pl. VII, fig. 11.

Avrainvillea papuana (Zanardini) Murray et Boodle, 1889: 71, 97-101, pl. 289, figs. 7-11; Heydrich, 1907: 101.

Udotea sordid Montagne, 1844: 659.

Chloroplegma papuanum Zanardini, 1878: 37.

Rhipilia andersonii Murray, 1886: 225, pl. XXXI.

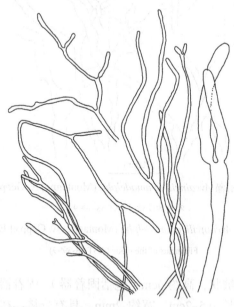

图 56　直立绒扇藻 *Avrainvillea erecta* (Berkeley) A. Gepp et E.S. Gepp

叶片的藻丝

Figure 56　*Avrainvillea erecta* (Berkeley) A. Gepp et E.S. Gepp

Filaments of the blade

藻体深绿色，直立，独立生长，具有 1 个短柄。固着器由紧密交织的假根丝组成圆柱形、不延长的团块。叶片比较薄,肾形,边缘全缘或毛缘,宽 10cm,高 6cm。藻体丝体黄褐色,圆柱形,上下宽度相等,直径 24-60μm;二叉状分枝,角度相当宽。

模式标本产地:菲律宾。

习性:生长在潮间带遮阴处沙质礁石上。

产地:台湾、海南(海南岛);日本,印度尼西亚,马来西亚,菲律宾,新加坡,泰国,越南,太平洋岛屿,印度,巴基斯坦,斯里兰卡,印度洋岛屿,大洋洲,非洲等地。

57. 和氏绒扇藻　图 57

Avrainvillea hollenbergii Trono, 1972: 52, pl. 8, figs. 1-6; Olsen-Stojkovich, 1985: 44, fig. 9b; Tseng et al., 2004: 173, fig. 2, pl. I: 2; Ding et al., 2015: 207.

藻体高达 13cm(包括固着器)。固着器球形,直径达 2cm。柄部细长,长 3cm,直径 1cm,不分枝。叶片薄,具有明显的环纹,高达 7cm,宽达 4cm;次生叶片由初生叶片的下部和上部长出,边缘浅裂。藻丝直径 5-20μm,圆柱形或疏松的近念珠状,由内层向外层逐渐变细,接近表层的藻丝多扭曲,不形成假皮层,藻丝叉分,上端有缢缩,顶端圆形。

模式标本产地:加罗林群岛。

习性:生长在环礁内低潮线下珊瑚礁石上。

产地:海南(西沙群岛);太平洋岛屿,大洋洲。

评述:根据 Olsen-Stejkovich(1985)记载,和氏绒扇藻 *A. hollenbergii* Trono 和琉球绒扇藻 *A. riukiuensis* Yamada 都是这个属中藻丝直径较小的种类。前者丝体直径 3-19μm,后者的 4-19μm。但是这两种绒扇藻在藻体外形上存在明显不同。和氏绒扇藻的叶缘稍深裂或浅裂,而且具有次生叶片,而琉球绒扇藻的叶片没有分裂,亦没有次生叶,叶缘完整。

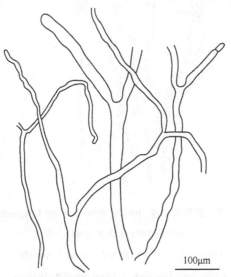

图 57　和氏绒扇藻 *Avrainvillea hollenbergii* Trono

叶片的藻丝(AST 76-2086)

Figure 57　*Avrainvillea hollenbergii* Trono

Filaments of the blade (AST 76-2086)

58. 裂片绒扇藻　图 58

Avrainvillea lacerata J. Agardh, 1887: 54; A. Gepp et E.S. Gepp, 1905: 339; 1911: 38, figs.
105-109; Svedelius, 1906: 195, 213, 217; Weber-van Bosse, 1913: 115; Setchell, 1926: 81;
Tseng, 1938: 147, fig. 4; 1983: 286, pl. 142, fig. 2; Taylor, 1950: 70; 1966: 352; Isaac,
1967: 76; Trono, 1968: 175, pl. 19, fig. 8; Womersley et Bailey, 1970: 280; Lawson, 1980:
2; Olsen-Stojkovich, 1985: 33, fig. 18, pl. 6b; Payri, 1985: 640; Lu et al., 1991: 5;
Titlyanov et al., 2011: 527; Ding et al., 2015: 207.

藻体较小，黄绿色或深绿色，直立，单生，具有较短的柄。固着器圆柱形，由许多
假根丝交织而成。藻体叶片比较小且薄，有时楔形、长椭圆形至近心脏形，高 1–3cm，
宽 1.0–1.5cm。管状丝体圆柱形，比较小，向上逐渐变细，没有假皮层，直径 20–25μm；
在其内部，仅在顶端部位 6–8μm 处及周围，呈不规则稀疏近念珠状曲折。叉状分枝的上
部收缢非常明显，呈长颈状。

模式标本产地：汤加群岛。

习性：生长在环礁内低潮线下 1m 左右珊瑚石上和潮间带下部沙质的石沼中。

产地：台湾、海南（海南岛、西沙群岛、南沙群岛）；印度尼西亚，马来西亚，菲律
宾，新加坡，泰国，越南，太平洋岛屿，阿曼，斯里兰卡，印度洋岛屿，大洋洲，非洲
等地。

评述：本种比较接近群栖绒扇藻 *A. amadelpha* (Montagne) A. Gepp et E.S. Gepp，但是
本种没有假皮层，藻体不丛生，在外表也不呈天鹅绒状。

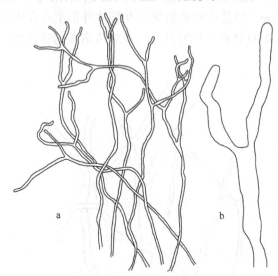

图 58　裂片绒扇藻 *Avrainvillea lacerata* J. Agardh

a. 叶片的藻丝；b. 叶片的藻丝上部

Figure 58　*Avrainvillea lacerata* J. Agardh

a. Filaments of the blade; b. Upper part of the filament

59. 模糊绒扇藻　图 59

Avrainvillea obscura (C. Agardh) J. Agardh, 1887: 53-54; A. Gepp et E.S. Gepp, 1911: 32;

Taylor, 1950: 67, pl. 34, fig. 1; Tanaka et Itono, 1969: 1, fig.1, fig. 2: 1-3; Olsen-Stojkovich, 1985: 19, figs. 9-10, pl. 2; Yoshida, 1998: 110; Tseng et al., 2004: 175, fig. 3, pl. I: 3; Ding et al., 2015: 207.

Anadyomene obscura C. Agardh, 1823: 401.

Avrainvillea capituliformes Tanaka, 1967: 14, figs. 2-3, pl. 1 B; Tanaka et Itono, 1969: 4, figs. 2-3.

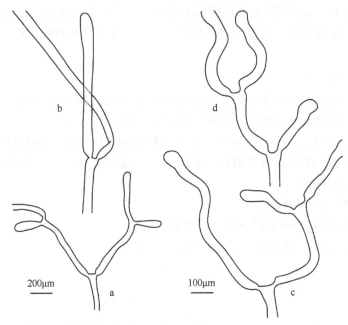

图 59 模糊绒扇藻 *Avrainvillea obscura* (C. Agardh) J. Agardh

a. 头状叶的叶片下部藻丝；b. 头状叶的叶片上部藻丝；c. 扇形叶藻体的下部藻丝；d. 扇形叶藻体的上部藻丝。（a, b: AST 62-2256; c, d: AST 60-7804）

Figure 59　*Avrainvillea obscura* (C. Agardh) J. Agardh

a. Filaments at the lower part of the capitate blade; b. Filaments at the upper part of the capitate blade; c. Filaments at the lower part of the flabelliform blade; d. Filaments at the upper part of the flabelliform blade. （a, b: AST 62-2256; c, d: AST 60-7804）

　　藻体深绿色，高达 17cm（包括固着器）。固着器圆柱形或略扁压，长达 14cm，直径达 2cm。叶片头状、毛状或扇状，肾形，长达 4cm，宽达 4.5cm，海绵状或绒毛状，叶缘不规则。藻体无柄，叶面没有环纹，亦无假皮层。藻丝棕色至透明，圆柱形，直径随叶形的变化而变化，分叉处有深缢缩，藻丝顶端棍棒形，有时圆形；头状叶藻丝的直径 33–100μm，由基部向上逐渐增大；扇状叶藻丝的直径 25–47μm，叉状分枝。

　　模式标本产地：关岛。

　　习性：生长在低潮带沙质地上或礁石上。

　　产地：海南（海南岛）；日本，印度尼西亚，菲律宾，新加坡，泰国，越南，太平洋岛屿，大洋洲，非洲等地。

　　评述：本种在外形和藻丝直径上都变化很大。外形头状的藻体相似于画笔藻属 *Penicillus*，但是该属的藻体均为钙化，而绒扇藻属的藻体都不钙化；外形扇状的藻体与

直立绒扇藻 *Avrainvillea erecta* （Berkeley） A. Gepp et E.S. Gepp 比较相似，但是直立绒扇藻藻丝顶端圆柱形，不是棍棒状（Olsen-Stojkovich, 1985: 22）；藻体叶片部分的藻丝直径变化也较大，正如 Olsen-Stojkovich （1985: 19） 曾经指出：模糊绒扇藻的藻丝直径随地理位置和生长环境而变化，密克罗尼西亚西部的藻丝直径 28-56μm，密克罗尼西亚东部的藻丝直径 56-125μm，疏松至丛生生态型（close-tufted ecomorphs）的藻体的藻丝直径 38-100μm。我国采自海南岛的 2 个标本也出现这种变化，海南省文昌的扇状叶面的藻丝直径是 25-47μm，与密克罗尼西亚西部的藻体上的藻丝直径相似，而陵水的头状叶片上的藻丝直径为 33-100μm，与疏松至丛生生态型的藻体的藻丝直径相似。

60. 琉球绒扇藻 图 60

Avrainvillea riukiuensis Yamada, 1932: 267; Okamura, 1936: 110, figs. 56-57; Yoshida, 1998: 111, figs. 1-10a; Huang et Chang, 1999 : 348, figs. 4-5.

藻体褐绿色，单生，扇形，海绵质，由许多精细的丝体组成，高达 17cm，宽 16cm。柄长稍微超过 4cm。扇形薄叶片肾状，无环纹，边缘圆或具裂片。丝体圆柱状，直径 11-25μm，明显二歧缢缩。

模式标本产地：琉球群岛。

习性：生长在水深 15m 的潮下带沙质水底。

产地：台湾；日本，波斯湾，巴林，帕劳，毛里求斯。

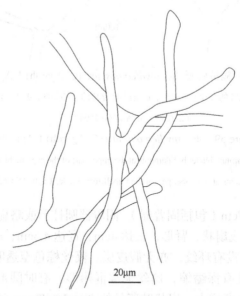

图 60 琉球绒扇藻 *Avrainvillea riukiuensis* Yamada

扇形藻体的部分藻丝，示二歧分枝及缢缩（HG-087020132，引自 Huang and Chang, 1999）

Figure 60 *Avrainvillea riukiuensis* Yamada

A part of the filaments from the flabellum, showing the supra-dichotomous branch and constrictions（HG-087020132, cited from

Huang and Chang, 1999）

61. 西沙绒扇藻　图 61

Avrainvillea xishaensis Tseng, Dong et Lu, 2004: 176, fig. 4, pl. I: 4; Ding et al., 2015: 207.

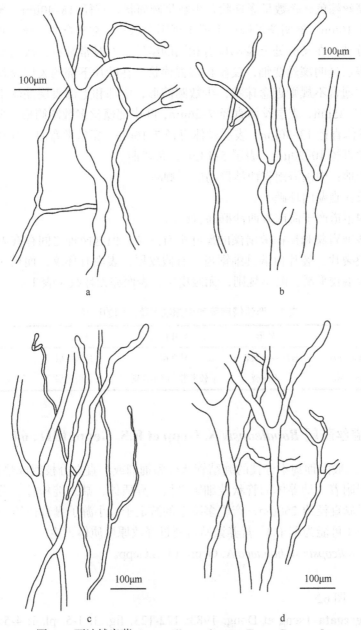

图 61　西沙绒扇藻 *Avrainvillea xishaensis* Tseng, Dong et Lu

a. 藻体叶片下部藻丝；b. 叶片中部藻丝；c. 叶片上部藻丝；d. 固着器中部藻丝。(AST 75-0975)

Figure 61　*Avrainvillea xishaensis* Tseng, Dong et Lu

a. Filaments at the lower part of the blade; b. Filaments at the middle part of the blade; c. Filaments at the upper part of the blade;

d. Filaments at the middle part of the holdfast. (AST 75-0975)

藻体黑褐色，高约 9cm（包括固着器）。固着器圆柱形，长 3cm，直径 1.4cm，从固着器上端产生数个叶片。叶片无柄，高 6cm，下部侧面相互粘连，形成一个不规则的扇形，叶顶有多条纵裂到叶的中部，形成许多小裂片，裂片顶端具细锯齿，表面具环纹。固着器的皮层藻丝棕色，多数呈念珠状，少数呈圆筒状，直径 18-40μm；藻丝向表层逐渐变细，直径 5-10μm，透明藻丝圆筒形或不规则念珠状，常常弯曲，丝体顶端圆形。叶片的藻丝叉状分枝，在叉分处上端部位有相同的缢缩，有时常常有二次缢缩，由皮层棕色藻丝逐渐向表层透明藻丝变细，藻丝顶端棍棒状。在叶片下部的表层藻丝紧密交织形成假皮层，藻丝通常不规则近念珠状，少数圆筒形，中部和上部表层藻丝不紧密交织，皮层丝体直径 17-35μm，表层丝体直径 7-26μm，叶中部藻丝多数圆筒形，少数不规则近念珠状，皮层丝体直径 13-30μm，表层丝体直径 7-16μm，藻丝常弯曲。叶片上部藻丝圆筒形，皮层藻丝直径 10-20μm，表层 5-13μm，常弯曲。

模式标本产地：中国海南省西沙群岛的晋卿岛。

习性：生长在礁湖内环礁上。

产地：我国报道产于海南省西沙群岛晋卿岛。

评述：西沙绒扇藻和模糊绒扇藻的藻叶都有纵裂，但这两种之间存在差异：西沙绒扇藻有许多深裂裂片，裂片顶端具细锯齿，有假皮层，表面有环纹，而模糊绒扇藻叶片不深裂，裂片顶端较平滑，略不规则，无假皮层，表面亦无环纹（表 1）。

表 1　西沙绒扇藻和模糊绒扇藻之间的比较

种名	外形	裂片顶端	假皮层	环纹
西沙绒扇藻 A. xishaensis	有许多深裂裂片	具细锯齿	具假皮层	具环纹
模糊绒扇藻 A. obscura	不深裂	较平滑，略不规则	无假皮层	无环纹

缢丝藻属 *Boodleopsis* A. Gepp et E.S. Gepp, 1911: 64

藻体较小，一般由匍匐不分枝的缠结管状枝和匍匐或半直立分枝组成垫状或丛生状，通过扩散的假根附着。幼藻体的管状枝细胞多核。异质体，缺乏淀粉核。游子囊球形至亚球形，大游子囊直径约 250μm，产生多鞭毛的游走子，小游子囊直径约 150μm，产生双鞭毛的游走子（可能为配子）。营养繁殖可通过释放原生质体再生。

模式种：*Boodleopsis siphonacea* A. Gepp et E.S.Gepp。

62. 簇囊缢丝藻　图 62

Boodleopsis aggregata Tseng et Dong, 1983: 122-123, fig. 3: 1-5, pl. I: 4-5; Ding et al., 2015: 207.

藻体绿色，错综缠绕呈团块。假根为不规则的叉状分枝，由基到顶逐渐变细。藻体主要为二叉分枝，有时三叉或四叉分枝，偶尔也可见侧生分枝。叉分分枝基部具强烈缢缩，缢缩部位均等，其他各处藻丝有不规则的轻微缢缩。藻体下部藻丝直径 50-75μm，分枝较疏；上部藻丝直径 25-36μm，分枝较密，丝顶圆形。小枝（或者分叉间距离）通常长 166-550μm。叶绿体卵形或者椭圆形。孢子囊（未成熟）倒梨形，长 100-115μm，宽 65-100μm，孢子囊柄二叉分枝，有时单条，常丛生于藻丝上。

模式标本产地：中国海南省西沙群岛永兴岛。

习性：缠绕于其他海藻的藻体上，是低潮带礁石上的少见种类。

产地：我国报道产于海南省西沙群岛。

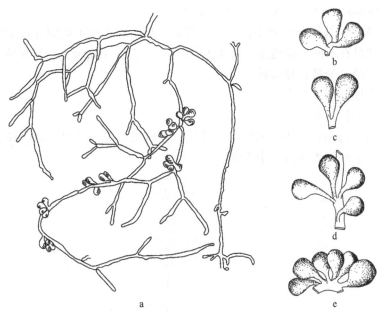

图 62　簇囊缢丝藻 *Boodleopsis aggregata* Tseng et Dong

a. 藻体的部分外形，示二叉分枝、分枝基部的缢缩及生于分枝上的孢子囊；b. 孢子囊柄二回二叉式分枝；c.孢子囊柄具有二

叉分枝；d, e. 囊柄不分枝的孢子囊丛生。（AST 76-1613）

Figure 62　*Boodleopsis aggregata* Tseng et Dong

a. A part of the thallus, showing the dichotomous branches with the constriction at the base and bearing sporangia; b. Repeated dichotomous stalks of the sporangia; c. Dichotomous stalks of the sporangia; d, e. Aggregative sporangia with the unbranched stalks.

(AST 76-1613)

绿毛藻属 *Chlorodesmis* Harvey et Bailey, 1851: 373

藻体为丛生团块状或具有长柄的刷状聚生，团块宽 10–20cm，高达 17cm，通过无色管状枝和缠结的附生假根的团块固着于基质上。聚生部分由许多无隔膜的二叉分枝的管状枝组成。管状枝直径 75–515μm，管细胞一端或两端缢缩，多核，叶绿体和淀粉形成体异生，缺乏淀粉核。

模式种：*Chlorodesmis comosa* Harvey et Bailey。

绿毛藻属分种检索表

1. 藻体高度不超过 3cm，藻丝直径 60–90（–130）μm··············**缢缩绿毛藻 *Chlorodesmis hildebrandtii***

1. 藻体高度 4–8cm···2

　2. 藻丝直径 130–200μm···**中华绿毛藻 *C. sinensis***

　2. 藻丝直径 280–350μm···**簇生绿毛藻 *C. caespitosa***

63. 簇生绿毛藻　图 63

Chlorodesmis caespitosa J. Agardh, 1887: 49; Lewis et Norris, 1987: 9; Yoshida, 1998: 112;
　　Liu, 2008: 280, Titlyanov et al., 2011: 527; 2014: 46; Ding et al., 2015: 207

Chlorodesmis formosana Yamada, 1925: 92, fig. 5

　　植株聚集丛生，基部交织缠绕，疏松，假根二歧状缢缩或不规则分枝至附着于岩石
上，藻丝圆柱状且在不同部位缢缩，高 4-12cm，直径 280-350μm。新鲜藻体亮绿色，规
则二歧（少数三歧）分枝，顶端钝。

　　模式标本产地：斯里兰卡。

　　习性：附着于岩石上。

　　产地：台湾、海南；日本，韩国，菲律宾，夏威夷群岛，马里亚纳群岛，印度，阿
曼，斯里兰卡，非洲，大洋洲，中美洲。

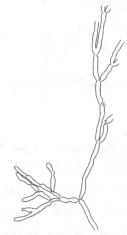

图 63　簇生绿毛藻 *Chlorodesmis caespitosa* J. Agardh

藻体部分分枝（引自 Yamada, 1925）

Figure 63　*Chlorodesmis caespitosa* J. Agardh

Branches of the thallus (a part)(Cited from Yamada, 1925)

64. 缢缩绿毛藻　图 64

Chlorodesmis hildebrandtii A. Gepp et E.S. Gepp, 1911: 16, 137, pl. VIII, fig. 74; Tseng,
　　1983: 286, pl. 142, fig. 3; Ding et al., 2015: 207.

　　藻体浅黄至绿色，丝状，松弛，群居，高 3cm 左右。藻丝直径 60-90（-130）μm，
圆柱形，叉状分枝，顶端钝圆，通常在分叉之上相同处缢缩，包括假根在内的整个藻体
有许多单独或连续的叉间缢缩。

　　模式标本产地：科摩罗群岛。

　　习性：生长在低潮带附着沙子的岩石上。

　　产地：海南（海南岛）；印度尼西亚，菲律宾，新加坡，泰国，越南，太平洋岛屿，
印度，也门，印度洋岛屿，大洋洲，非洲，中美洲等地。

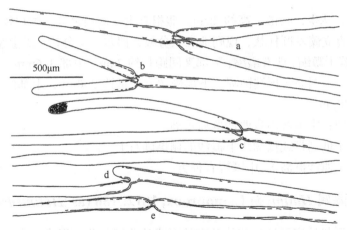

图 64 缢缩绿毛藻 *Chlorodesmis hildebrandtii* A. Gepp et E.S. Gepp

藻体分枝，示分歧及缢缩

Figure 64 *Chlorodesmis hildebrandtii* A. Gepp et E.S. Gepp

Branches of the thallus, showing the branching points and contractions

65. 中华绿毛藻 图 65

Chlorodesmis sinensis Tseng et Dong, 1978: 43-44, 49, fig. 1, pl. II: 2; Tseng, 1983: 286, pl. 142, fig. 4; Titlyanov et al., 2011: 528; Ding et al., 2015: 207.

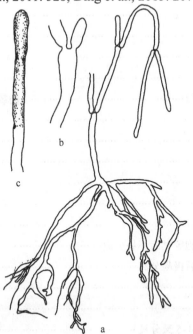

图 65 中华绿毛藻 *Chlorodesmis sinensis* Tseng et Dong

a. 藻体假根部与下、中部；b. 藻体丝体微缩与叉分处缢缩现象；c. 孢子囊

Figure 65 *Chlorodesmis sinensis* Tseng et Dong

a. Thallus showing the rhizoids and the branches at low-middle part; b. Slight constricted filaments and dichotomous constrictions of the thallus; c. Sporangium

藻体深绿色，丛生，松散，高约 8cm。假根有主、侧根之分，侧根较长，叉生或互生，错综缠结。直立藻丝圆柱状，规则地叉状分枝，偶尔三叉分枝，叉上缢缩部位相同，叉间部平直，有若干微缩，偶有缢缩；下部叉间距长约 2mm，中部 3-6mm，上部 6-12mm，有的长达 23mm，末端藻丝顶端钝圆；下部藻丝直径可达 200μm，上部的 130-150μm。子囊直径可达 180μm。

模式标本产地：中国海南省西沙群岛东岛。

习性：生长于低潮带或低潮线下覆沙的珊瑚礁石上。

产地：海南（西沙群岛）。中国特有种类。

仙掌藻属 *Halimeda* Lamouroux, 1812: 186 (as '*Halimedea*')

藻体由不同形状的扁平钙化节片及交替形成的非钙化节点组成，直立，呈链式或伸展生长，高从几厘米到 1m 或超过 1m，通过固着器或假根附着于基质上。不定生长。节片由多核的管状丝体组成，缺乏纤维素。通过片段或管细胞末端新藻体发生进行无性繁殖。有性繁殖产生双鞭毛的配子。

模式种：*Halimeda tuna* (Ellis et Solander) Lamouroux。

仙掌藻属分种检索表

1. 藻体节片大小不一，一般小于 2cm×3cm ·· 2
1. 藻体节片大，达到或超过 2cm×3cm ·· 11
    2. 藻体匍匐生长 ·· 3
    2. 藻体直立生长 ·· 4
3. 下部节片非三深裂 ···································· 仙掌藻 *Halimeda opuntia*
3. 下部节片三深裂且有 3-5 条肋纹 ···· 仙掌藻三裂变型 *H. opuntia* f. *triloba*
    4. 藻体固着器大，长超过 3cm ·· 5
    4. 藻体固着器较小或假根状 ·· 6
5. 藻体固着器长 4cm ····································· 相仿仙掌藻 *H. simulans*
5. 藻体固着器长 7cm ································ 圆柱状仙掌藻 *H. cylindracea*
    6. 藻体基部由假根组成 ·· 7
    6. 藻体基部具小的固着器 ··· 8
7. 藻体具钙化的柄，节片外层囊胞脱钙后不易分离 ··· 厚节仙掌藻 *H. incrassata*
7. 藻体无柄，节片外层囊胞脱钙后极易分离 ········ 密岛仙掌藻 *H. micronesica*
    8. 藻体高度不超过 6cm ····························· 末氏仙掌藻 *H. velasquezii*
    8. 藻体高度超过 6cm ··· 9
9. 藻体分枝众多，一个节片可见 4-5 叉分枝 ·········· 带状仙掌藻 *H. taenicola*
9. 藻体一般 2-3 叉分枝 ··· 10
    10. 藻体下部节片较大，1.3-1.5cm×1.3-3.0cm，节片外层囊胞表面观直径（66-）83-100（-116）μm
    ·· 西沙仙掌藻 *H. xishaensis*
    10. 藻体节片 0.5-1.0cm×0.5-1.5cm，节片外层囊胞表面观直径 50-66μm ··· 盘状仙掌藻 *H. discoidea*
11. 外层囊胞表面观直径 76-132μm ······················· 巨节仙掌藻 *H. gigas*

66. 圆柱状仙掌藻　图 66

Halimeda cylindracea Decaisne, 1842: 103; Hillis-Colinvaux, 1980: 100, figs. 4-5, 17: 22-23,
　　20: 19, 104; Lu et al., 1991: 9, fig. 4, pl. I: 6; Ding et al., 2015: 207.

Halimeda polydactylis J. Agardh, 1887: 89.

　　藻体直立，高达 15cm（固着器除外），主要为三叉分枝。固着器长 7cm。藻体基部节片桶形，长 7mm，宽 6mm，平均厚 3-4mm，形成一个明显的圆柱状或者亚圆柱状的柄。节片由下向上逐渐变小，分枝处节片亚楔形，上缘浅裂；其余节片多为圆柱形，顶端节片有时为球形，长 7mm，宽 2mm，平均厚 1.5mm。皮层由 3-5 层囊胞组成，最外层囊胞脱钙后有分离趋势，有时壁加厚；表面观，外层囊胞直径 23-46μm，切面观其长 23-60μm，2-4 个生于每个次层囊胞上；次层囊胞长 23-73μm，宽 17-50μm。节部髓丝融合在一起，邻近藻丝间有孔互相贯通，其相连接处的壁加厚，具色素。

　　模式标本产地：马达加斯加贝岛。

　　习性：生长在水下 1.5m 左右深处的沙地上。

　　产地：海南（南沙群岛）；越南，印度尼西亚，菲律宾，太平洋岛屿，印度洋。

　　评述：圆柱状仙掌藻与念珠状仙掌藻 *Halimeda monile*（Ellis et Solander）Lamouroux 比较相似，但这两种在外形上还有不同之处。圆柱状仙掌藻的节片宽度由藻体基部（宽约 12mm）向上逐渐变狭，到藻体顶端的节片仅宽 2mm，而念珠状仙掌藻一般节片宽度平均为 1-1.5mm（不包括基部节片）。此外，根据现有资料记载，念珠状仙掌藻主要分布于大西洋，而圆柱状仙掌藻则分布在印度洋和太平洋。

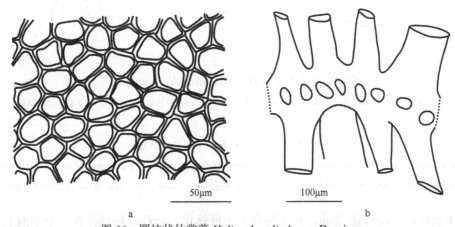

图 66　圆柱状仙掌藻 *Halimeda cylindracea* Decaisne

a. 节片的外层囊胞表面观（脱钙后）；b. 节部藻丝融合在一起，丝间有孔贯通

Figure 66　*Halimeda cylindracea* Decaisne

a. Surface view of the outer layer's utricles in the segment (after decalcification); b. Merging medullary filaments at the segment node

with holes

67. 盘状仙掌藻　图 67

Halimeda discoidea Decaisne, 1842: 102; De Toni, 1889: 527; Howe, 1907: 495, pl. 25, figs. 11-20, pl. 26; Børgesen, 1913: 106; Setchell et Gardner, 1920: 177, pl. 13, fig. 3; Taylor, 1928: 82, pl. 10, fig. 17, pl. 11, fig. 23; 1950: 85, pl. 45, figs. 1-2; 1960: 179, pl. 24, fig. 2; 1966: 353; Egerod, 1952: 398, pl. 38, fig. 19b-d; 1974: 145, figs. 56-58; Hillis, 1959: 352, pl. 2, fig. 5, pl. 5, fig. 11, pl. 6, fig. 11, pl. 7, figs. 9-10, pl. 8, figs. 5-8, pl. 11; Trono, 1968: 183, pl. 17, figs. 1-3; Dong et Tseng, 1980: 1-2, fig. 1: 1-4; Tseng, 1983: 288, pl. 143, fig. 2; Lewis et Norris, 1987: 9; Liu, 2008: 280; Ding et al., 2015: 207.

Halimeda tuna Barton, 1901: 11 (in part).

Halimeda cuneata Okamura (non Hering), 1942: 110.

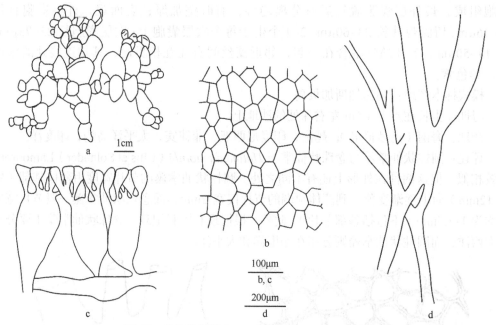

图 67　盘状仙掌藻 *Halimeda discoidea* Decaisne

a. 藻体外形；b. 节片的外层囊胞表面观（脱钙后）；c. 节片横切面显示内层囊胞显著膨大；d. 互相融合的节部髓丝。(AST 58-4581)

Figure 67　*Halimeda discoidea* Decaisne

a. Thallus; b. Surface view of the outer layer's utricles in the segment (after decalcification); c. Transverse section of the segment showing distinct swollen utricles of inner layer; d. Merging medullary filaments at the segment node. (AST 58-4581)

　　藻体灰绿色，高可达 8cm，轻度钙化或中度钙化，分枝疏松地排在一个平面上。固着器较小。分枝呈叉状或三叉。节片呈圆盘形、楔形、肾形或亚圆柱形，长 0.5-1.0cm，宽 0.5-1.5cm，外边缘全缘起伏或稍开裂，干燥后有不明显的凹陷。节片皮层由 2 层囊胞组成，偶有 3 层；表面观外层囊胞常侧面融合，脱钙后不易互相分离，不融合囊胞直径 50-66μm，切面观囊胞长 50-83μm；内层囊胞长 150-230μm，宽 115-135μm，显著膨大，每一个内层囊胞上具有 4-6 个表层囊胞。节部髓丝 2-3 条互相融合，融合部长为髓丝直径的 1.5 倍左右。

模式标本产地：产地不明。

习性：生长于低潮带的珊瑚礁或珊瑚枝上。

产地：台湾、海南（西沙群岛）；日本，印度尼西亚，菲律宾，新加坡，泰国，越南，太平洋岛屿，孟加拉国，印度，阿曼，斯里兰卡，印度洋岛屿，大洋洲，非洲，美洲，大西洋岛屿等暖海水域。

Howe（1907）认为盘状仙掌藻与 *H. tuna*（Ellis et Solander）Lamouroux 易于混淆。他认为根据外层囊胞切面观、接触面及次层囊胞形状和大小可以区分它们。前者外层囊胞接触面为 1/5-2/3，次层囊胞宽为 110-215μm，显著较外层大，多数倒卵圆形；后者接触面为 1/20-1/8，次层囊胞宽为 35-110μm，亚陀螺状、倒圆锥形、角形或棍棒形。

68. 巨节仙掌藻　图 68

Halimeda gigas Taylor, 1950: 80, pl. 44; Hillis-Colinvaux, 1980: 132, figs. 17: 15, 20: 5, 39; Silva et al., 1987: 114; Lu et al., 1991: 7, fig. 3; Ding et al., 2015: 207.

藻体浅褐色，轻度钙化，表面略有光泽，具皱纹，干燥后稍有破裂。分枝扁平，有时在一个节片上产生几个节片。节片长可达 22mm，宽 33mm，多数盘形至肾形，外缘完整或者有轻微波状，体厚平均 0.7-1mm。皮层由 2 层囊胞组成，偶有 3 层；最外层囊胞脱钙后仍旧互相保持附着，有时 2 个或者 3 个囊胞的侧面融合在一起，不融合囊胞的表面观直径为 76-132μm，切面观长 100-133μm，2 个或 4 个生在每个次层囊胞上；次层囊胞长 66-133μm。节部髓丝 2 条或者 3 条互相融合在一起。

模式标本产地：马绍尔群岛。

习性：生长在水下 1m 左右深处的礁石上。

产地：海南（南沙群岛）；泰国，印度尼西亚，菲律宾，太平洋岛屿，大洋洲等地。

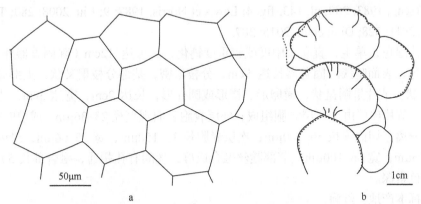

a   b

图 68　巨节仙掌藻 *Halimeda gigas* Taylor

a. 节片外层囊胞表面观（脱钙后）；b. 藻体的部分外形图

Figure 68　*Halimeda gigas* Taylor

a. Surface view of the outer layer's utricles in the segment (after decalcification); b. A part of the thallus

69. 厚节仙掌藻

Halimeda incrassata (Ellis) Lamouroux, 1816: 307; Tseng, 1983: 288, pl. 143, fig. 3; Ding et al., 2015: 207.

Corallina incrassata Ellis, 1768: 408, pl.17, figs. 20-27.

Halimeda tridens (Ellis et Solander) Lamouroux, 1812: 186.

Halimeda incrassata f. *lamourouxii* J. Agardh, 1887: 86.

Halimeda incrassata f. *ovate* J. Agardh, 1887: 86.

Halimeda incrassata f. *rotunda* Barton, 1901: 28, pl. 4, fig. 45.

藻体呈黄绿色，中度钙化，直立，高约 16cm，从大量的假根基部产生。藻体下端具
1 个重度钙化的柄；基部多少融合在一起，圆柱形到近楔形，在基部以上迅速分枝，一般
为 2-4 叉分枝。分枝节片呈圆柱形或肾形，外边缘全缘起伏，有时深裂。节片皮层由 3-5
层椭圆形囊胞组成，最外层囊胞脱钙后通常保持附着不易分离，表面直径为 31-54μm。
节部髓丝融合在一起。

模式标本产地：西印度群岛。

习性：生长在较低潮间带的砂质底层。

产地：台湾、海南（海南岛、西沙群岛）；日本，印度尼西亚，菲律宾，新加坡，
泰国，越南，太平洋岛屿，印度，印度洋岛屿，大洋洲，非洲，中美洲及北美洲等热
带地区。

70. 大叶仙掌藻　图 69

Halimeda macroloba Decaisne, 1841: 118; Barton, 1901: 24, pl. 3, figs. 33-38; Tseng, 1936a:
166, fig. 25; Hillis, 1959: 375, pl. 3, fig. 3, pl. 5, figs. 19-20, pl. 6, fig. 17, pl. 12;
Durairatnam, 1961: 24, pl. 21, fig. 3; Taylor, 1966: 353; Valet, 1968: 47; Trono, 1968: 185;
1975: 37; Chiang, 1973: 14; Egerod, 1974: 148, figs. 65-68; Dong et Tseng, 1980: 6, fig. 6:
1-5; Tseng, 1983: 288, pl. 143, fig. 4; Lewis et Norris, 1987: 9; Liu, 2008: 280; Titlyanov
et al., 2011: 528; Ding et al., 2015: 207.

藻体浅绿色，单生，直立，中度或较重度钙化，高可达 12cm（除固着器外），干燥
后呈灰绿色，表面暗淡。固着器长达 9cm，分枝浓密，基部分枝聚叉状，上部分枝一般
为 2-3 叉状。节片呈圆盘状，横卵形、楔形或圆柱形，长达 2cm，宽达 3cm，边缘全缘
或有浅裂。节片皮层由 3-4 层囊胞组成；外层囊胞表面观直径 23-36μm，成熟时呈圆形，
脱钙后易分离，切面观长 50-100μm；次层囊胞长 33-150μm，宽 25-66μm；最内层囊胞
长 116-365μm，宽 66-100μm。节部髓丝融合成群，丝间有孔相通，融合部长 50-82μm，
其壁厚、色素深。

模式标本产地：红海。

习性：生长于中低潮带的礁湖内珊瑚沙上。

产地：台湾、海南（海南岛、西沙群岛）；日本，印度尼西亚，马来西亚，菲律宾，
新加坡，越南，太平洋岛屿，印度，约旦，斯里兰卡，也门，印度洋岛屿，非洲。

评述：大叶仙掌藻的外层囊胞表面观形状随藻体年龄而变化，未成熟的节片，外层囊
胞表面观呈多角形，成熟时呈圆形。大叶仙掌藻也与其他仙掌藻一样，藻体钙化由基至顶
逐渐减轻。Hillis（1959）认为本种与盘状仙掌藻和带状仙掌藻有时易于混淆，并且指出盘
状仙掌藻和带状仙掌藻虽有大的节片，但不多，而大叶仙掌藻藻体上大的节片很普遍；带

状仙掌藻节片干燥后表面显著凹陷，盘状仙掌藻不太显著，大叶仙掌藻则是平坦的。

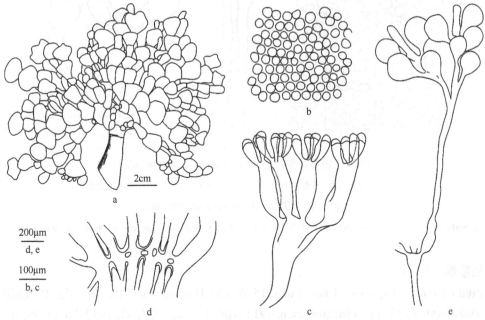

图 69 　大叶仙掌藻 *Halimeda macroloba* Decaisne

a. 藻体外形；b. 成熟节片的表面观；c. 节片横切面示其皮层构造；d. 节部髓丝融合成群，其间有孔相通；e. 从一个囊胞上
生出的配子囊。（AST 76-1668）

Figure 69 　*Halimeda macroloba* Decaisne

a. Thallus; b. Surface view of the adult segment; c. Transverse section of the segment showing the cortical structure; d. Merging
medullary filaments at the segment node showing the pores between them; e. Gametangia born on single utricle. (AST 76-1668)

71. 密岛仙掌藻　图 70

Halimeda micronesica Yamada, 1941: 121, fig. 15; Yamada, 1944: 29, pl. 5; Taylor, 1950: 89,
pl. 46, fig. 2, pl. 47; Hillis, 1959: 364, pl. 3, fig. 1, pl. 5, figs. 13-14, pl. 6, fig. 2, pl. 9;
Womersley et Bailey, 1970: 282; Tseng et Dong, 1978: 45-46, fig. 3: 1-3, pl. II: 1; Tseng,
1983: 290, pl. 144, fig. 1; Liu, 2008: 280.

Halimeda orientalis Gilbert, 1947: 126, fig. 1; Ding et al., 2015: 207.

　　藻体灰绿色，中等钙化，高达 11cm（不包括假根）。假根细长，纤维质。基部为一
个大的节片，长 8-12mm，宽 10-18mm，近肾形，边缘波状缺刻。由基部向上在同一平
面上放射状连续生出扁平三叉分枝的节片。节片一般为亚楔形至圆形；上部节片边缘全
缘或三裂，有时稍有突起，顶端新生的节间部钙化极轻。节片皮层由 3-4 层囊胞组成；
外层囊胞表面观呈圆形，直径（23）26-43μm，脱钙后极易分离；次层囊胞顶端有 2-4
个外层囊胞。节部丝体多少有色素，互相不融合或有时丝间稍为粘连，但极易分开。

　　模式标本产地：加罗林群岛。

　　习性：生长在礁湖内低潮带珊瑚礁上。

　　产地：海南（西沙群岛）；日本，印度尼西亚，菲律宾，越南，太平洋岛屿，印度洋
岛屿，大洋洲，非洲等热带海域。

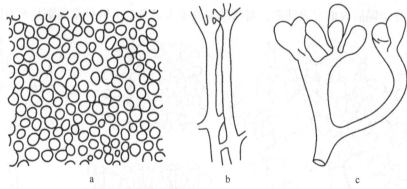

a   b   c

图 70　密岛仙掌藻 Halimeda micronesica Yamada

a. 藻体节片表面观（未脱钙）；b. 节部丝体，示不融合现象；c. 节片的囊胞

Figure 70　Halimeda micronesica Yamada

a. Surface view of the segment(undecalcified); b. Unmerging filaments at the segment node; c. Utricles of the segment

72. 仙掌藻　图 71

Halimeda opuntia (Linnaeus) Lamouroux, 1816: 308; Barton, 1901: 18, pl. 2, fig. 19; Collins, 1909: 400, pl. 17, fig. 156; Børgesen, 1913: 108; Taylor, 1928: 82; 1950: 80, pl. 39, fig. 1; 1960: 176, pl. 23, fig. 3; 1966: 353; Tseng, 1936b: 175, fig. 3; Egerod, 1952: 397, pl. 37, fig. 19a, e, f; 1966: 147, figs. 59-61; Hillis, 1959: 359, pl. 2, figs. 7-8, pl. 5, figs. 3-4, pl. 6, fig. 6, pl. 7, fig. 3, pl. 10; Chapman, 1961: 127, fig. 145; Durairatnam, 1961: 24, pl. 6, figs. 1-2; Trono, 1968: 178, pl. 18, figs. 1-4; 1975: 37; Womersley et Bailey, 1970: 282; Dong et Tseng, 1980: 3-4, fig. 4: 1-3; Lewis et Norris, 1987: 9; Liu, 2008: 280; Titlyanov et al., 2011: 528; Ding et al., 2015: 207.

Corallina opuntia Linnaeus, 1758: 805.

Flabellaria multicaulis Lamarck, 1813: 302.

Halimeda multicaulis (Lamarck) Lamouroux, 1816: 307.

Halimeda triloba Decaisne, 1842: 102.

Halimeda cordata J. Agardh, 1887: 83.

Halimeda opuntia f. *cordata* (J. Agardh) Barton, 1901: 20.

　　藻体匍匐生长，分枝紧密或稍微疏松，向不同方向伸展，中等或重度钙化，干燥后呈黄色、奶白色或淡绿色。节片呈亚圆柱形、长方形或耳形，具中肋，上部边缘成波状或三裂。节片皮层由 5 层囊胞组成；外层囊胞表面观直径 13–30μm，切面观长 16–23μm；次层囊胞宽 13–17μm。节部髓丝常 2–3 条互相融合，融合部长为髓丝直径的 1.5 倍左右。

　　选模标本产地：牙买加。

　　习性：生长于环礁内珊瑚石上。

　　产地：台湾、海南（海南岛、西沙群岛、南沙群岛）；日本，印度尼西亚，马来西亚，菲律宾，新加坡，泰国，越南，太平洋岛屿，印度，斯里兰卡，印度洋岛屿，大洋洲，非洲，美洲，欧洲等热带和亚热带海区。

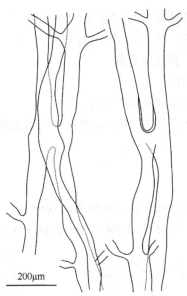

200μm

图 71　仙掌藻 *Halimeda opuntia* (Linnaeus) Lamouroux

节部髓丝 2-3 条互相融合（AST 76-1430）

Figure 71　*Halimeda opuntia* (Linnaeus) Lamouroux

2-3 merging medullary filaments at the segment node (AST 76-1430)

仙掌藻三裂变型　图 72

Halimeda opuntia f. triloba (Decaisne) J. Agardh, 1887: 84-85; Barton, 1901: 20, pl. 2, fig. 20; Taylor, 1928: 83, pl. 10, fig. 2; 1950: 81, pl. 40, fig. 2; Hillis, 1959: 360; Chapman, 1961: 127, fig. 146; Dong et Tseng, 1980: 4, fig. 4: 4.

Halimeda triloba Decaisne, 1842: 102.

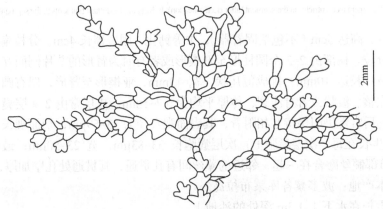

2mm

图 72　仙掌藻三裂变型 *Halimeda opuntia* f. *triloba* (Decaisne) J. Agardh

部分藻体外形（AST 76-1263）

Figure 72　*Halimeda opuntia* f. *triloba* (Decaisne) J. Agardh

A part of the thallus (AST 76-1263)

藻体浅白绿色，重度钙化，侧向扩展，具各种附着点但没有固定的附着基质。各方向分枝，分枝疏松，连续的分枝和节片间常呈直角排列。节片长 5-6mm，宽 6-10mm，上部节片横切面椭圆形至肾形，下方节片横切面心形，节片上具明显的圆锯齿状，下部节片三深裂且有 3-5 条肋纹，裂片圆柱状。

后选模式标本产地：中国海。

习性：生活在低潮带珊瑚礁或死珊瑚枝上。

产地：台湾、海南（西沙群岛）；印度尼西亚，马绍尔群岛，斯里兰卡，西大西洋，中美洲等热带和亚热带地区。

73. 相仿仙掌藻　图 73

Halimeda simulans Howe, 1907: 503, pl. 29; Hillis-Colinvaux, 1980: 103, fig. 17: 27, 20: 15, 26; Silva et al., 1987: 116; Lu et al., 1991: 7, fig. 2, pl. I: 4; Ding et al., 2015: 207.

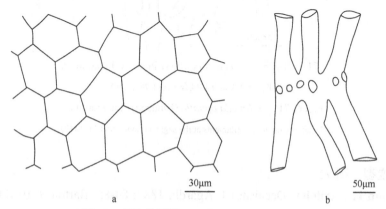

图 73　相仿仙掌藻 *Halimeda simulans* Howe

a. 节片外层囊胞表面观（脱钙后）；b. 节部藻丝融合在一起，丝间有孔互相贯通

Figure 73　*Halimeda simulans* Howe

a. Surface view of the outer layer's utricles in the segment (after decalcification); b. Merging medullary filaments at the segment node with holes

藻体直立，高达 5cm（不包括固着器），中等钙化。固着器长 4cm。分枝扁平，主要为二叉或四叉分枝。柄部由 2-3 个圆柱形至亚楔形或者有时为肾形的节片侧面互相接触融合而成。柄上节片长达 10mm，排成覆瓦状，宽 13mm，亚楔形至肾形，偶有圆柱形，通常具棱，外缘完整、波状或者有浅裂，体厚平均为 0.7-1mm。皮层常由 2-4 层囊胞组成。最外层囊胞脱钙后常常仍旧保持互相附着，其表面观直径为 33-59μm，切面观长 30-66μm，2 个或 4 个生长在每个次层囊胞上；次层囊胞长 33-83μm，宽 23-50μm；最内层囊胞宽 36-73μm。节部髓丝融合在一起，邻近的藻丝间有孔贯通，其贯通处孔壁加厚，含色素。

模式标本产地：波多黎各库莱布拉岛。

习性：生长在水下 1-1.5m 深处的沙地上。

产地：海南（南沙群岛）；日本，印度尼西亚，菲律宾，太平洋岛屿，印度，非洲，大洋洲，美洲等地。

评述：相仿仙掌藻在外形上与厚节仙掌藻 *H. incrassata* 相似，但前者的最外层囊胞直径平均为 45μm，而后者为 73μm。相仿仙掌藻与标准仙掌藻 *H. tuna*（Ellis et Solander）Lamouroux 有时由于它们都具有肾形节片而有所混淆，但相仿仙掌藻的固着器为长而显著的团块状，而标准仙掌藻的固着器短而不明显。

74. 带状仙掌藻　图 74；图版 IV: 3

Halimeda taenicola Taylor, 1950: 86, 207, pl. 46, figs. 1; Hillis, 1959: 354, pl. 2, fig. 6, pl. 5,
　　fig. 12, pl. 6, fig. 14, pl. 11; Trono, 1968: 182, pl. 16, fig. 3; Dong et Tseng, 1980: 2; Tseng,
　　1983: 290, pl. 144, fig. 3; Liu, 2008: 281; Ding et al., 2015: 207.

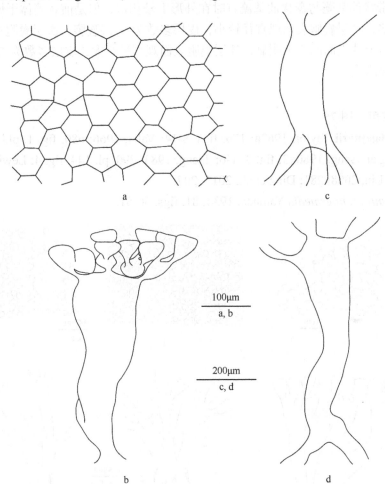

图 74　带状仙掌藻 *Halimeda taenicola* Taylor

a. 节片表面观（脱钙后）; b. 节片横切面，示囊胞的形状与层次; c, d. 节部髓丝的融合现象。(AST 76-838)

Figure 74　*Halimeda taenicola* Taylor

a. Surface view of the segment (after decalcification); b. Transverse section of the segment showing the shape and delamination of the utricles; c, d. Merging medullary filaments at the segment node. (AST 76-838)

　　藻体淡黄绿色，中度钙化，直立，紧凑，高约 10cm，通过小的固着器附着在基质上。分枝众多，一个节片能产生 5 个分枝，分枝基部 1–2 个节片通常呈扁平圆柱形至楔形，常具柄，其他节片一般亚楔形至梯形，少数圆柱形至肾形，上部节片边缘全缘或稍完整，表面一般平滑，干燥后有明显的凹陷，浅黄色或黄绿色。节片皮层由 2–3 层囊胞组成。

外层囊胞脱钙后不易分离，表面观直径 46-56（-66）μm，切面观长 50-100μm；次层囊胞长 50-83μm，宽 50-58μm，明显较小；内层囊胞长 249-465μm，宽 160-170μm，明显细长。节部髓丝常 2-3 条互相融合，融合部长 83-200μm。

　　模式标本产地：马绍尔群岛。

　　习性：通常生长在低潮带覆沙子的珊瑚礁上。

　　产地：海南（西沙群岛）；印度尼西亚，菲律宾，太平洋岛屿，马尔代夫等地。

　　评述：带状仙掌藻与盘状仙掌藻有时在外形上较相似，但是前者藻体干燥后节片表面有明显凹陷，外层囊胞表面观直径较小，皮层多数为 3 层囊胞，次层囊胞显著小；后者藻体干燥后节片表面凹陷不明显，外层囊胞表面观直径略大，皮层多数为 2 层囊胞，内层囊胞明显膨大。

75. 未氏仙掌藻　图 75

Halimeda velasquezii Taylor, 1962a: 176, figs. 8-14; Valet, 1966: 680, fig. 1, pl. 1a-b; 1968: 49; Dong et Tseng, 1980: 3, fig. 3: 1-6; Tseng, 1983: 290, pl. 144, fig. 4; Lewis et Norris, 1987: 9; Liu, 2008: 281; Ding et al., 2015: 207.

Halimeda opuntia f. *intermedia* Yamada, 1934: 81, figs. 50-51.

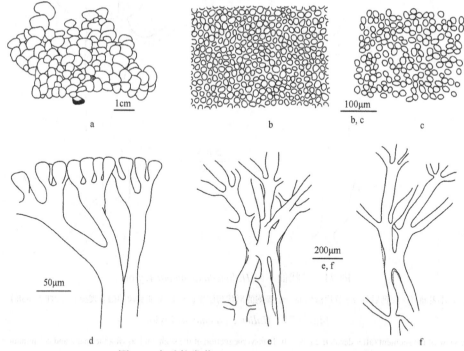

图 75　未氏仙掌藻 *Halimeda velasquezii* Taylor

a. 藻体外形；b. 外层囊胞表面观（未脱钙）；c. 外层囊胞表面观（脱钙后）；d. 节片横切面，示皮层的构造；e, f. 节部髓丝

2 条或 3 条互相融合。（AST 76-1772）

Figure 75　*Halimeda velasquezii* Taylor

a. Thallus; b. Surface view of the outer cortical utricles(undecalcified); c. Surface view of the outer cortical utricles (after decalcification); d.

Transverse section of the segment, showing the cortical structure; e, f. 2 or 3 merging medullary filaments at the segment node. (AST 76-1772)

藻体绿色，单生，紧凑，中度钙化，高达 5cm，藻体干燥后呈黄色或黄绿色，通过一个很小的固着器附着于基质上。分枝稠密，主要在一个平面上，一般二叉分枝，有时三叉分枝，偶尔在一个节片上产生 4 个节片。节片基本分布在一个平面上，基部节片为亚圆柱形或亚楔形，较小，其余节片呈横卵形或肾形，长 4-6mm，宽 5-11mm，表面光滑，有时具中肋，节片边缘全缘或略呈波状。节片皮层由 3-4 层囊胞组成。外层囊胞脱钙后易于分离，表面观直径 16-20μm，圆角，切面观长 23-33μm。节部髓丝 2-3 条互相融合，偶尔 4-5 条互相融合。

模式标本产地：菲律宾吕宋岛。

习性：生长于低潮带礁石上。

产地：海南（西沙群岛、南沙群岛）；日本，印度尼西亚，菲律宾，越南，太平洋岛屿，印度洋岛屿，大洋洲，非洲等地。

评述：根据 Taylor（1962a：176）的描述，模式种的外层囊胞表面观直径为 12-17μm，我国西沙群岛标本的外层囊胞表面观直径较模式种略大，除此之外，其他特征与模式种是一致的。

76. 西沙仙掌藻　图 76；图版 IV: 4

Halimeda xishaensis Tseng et Dong in Dong et Tseng, 1980: 4-6, 9, fig. 5: 1-3, pl. I: 2; Ding et al., 2015: 207.

藻体灰绿或绿色，单生，直立，中度或轻度钙化，薄而不脆，高可达 13cm，一般二叉或三叉分枝，干燥后黄绿色或灰绿色，在标本纸上常留有棕色水痕。固着器较小。初生节片绿色，轻度或中度钙化。藻体基部节片亚圆柱形，其余节片圆盘状或肾形；下部节片较大，长 1.3-1.5cm，宽 1.3-3.0cm；其他节片长 0.6-1.3cm，宽 0.7-2.0cm；干燥后上部边缘多皱，略全缘。节片皮层常由 2 层囊胞组成，偶有 3 层。外层囊胞脱钙后不易分离，表面观直径（66- ）83-100（-116）μm，多角形，偶有侧面融合，切面观长 66-100μm；内层囊胞长 100-230μm，宽 66-100μm（最宽处）。节部髓丝常 2 条或 3 条互相融合，融合部长短不一。

模式标本：AST 76-1261（采集者：符国柏），1976 年 3 月 20 日采自中国海南省西沙群岛琛航岛。

习性：生长于低潮线下 0.5-1.0m 的珊瑚礁上。

产地：我国报道产于海南省西沙群岛。

评述：西沙仙掌藻的节片切面观近似巨节仙掌藻 H. gigsa Taylor（Taylor, 1950, fig.5: 4-5）。然而，巨节仙掌藻的节片（长达 2.5cm，宽达 4.2cm）及外层囊胞表面观直径（115-170μm）均显著较本种的大，其外层囊胞（长 130-240μm）也较本种的长。本种与盘状仙掌藻的皮层虽然都是 2 层囊胞组成，可是形状完全不同。此外，盘状仙掌藻的外层囊胞表面观直径一般在 70μm 以下，西沙仙掌藻则常在 80μm 以上。本种与生长在深水而节片较大的标准仙掌藻 H. tuna（Ellis et Solander）Lamouroux 在外形和外层囊胞表面观直径方面都比较近似，但是这两种仙掌藻的皮层囊胞层数不同，前者的皮层一般是 2 层囊胞，后者则为 2-4 层。

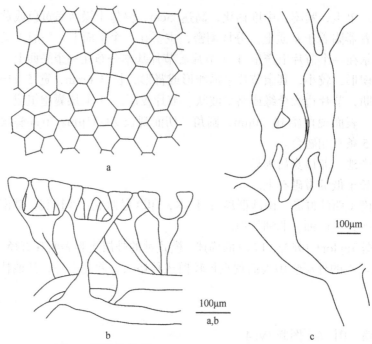

图 76　西沙仙掌藻 *Halimeda xishaensis* Tseng et Dong

a. 节片表面观（脱钙后）；b. 节片的横切面，示囊胞的形状与层次；c. 节部髓丝互相融合的情况。（AST 76-1261）

Figure 76　*Halimeda xishaensis* Tseng et Dong

a. Surface view of the segment (after decalcification); b. Transverse section of the segment showing the shape and delamination of the utricles; c. Merging medullary filaments at the segment node. (AST 76-1261)

扇管藻属（新拟名）*Rhipidosiphon* Montagne, 1842: 14

藻体小，高 2.5-40mm，由固着器、柄和端部叶片三部分组成。固着器假根状。柄可达 3mm，单管，无皮层，上部钙化。叶片扇形，单层，钙化，二歧管状分枝。叶片管状分枝不融合。

本属与钙扇藻属 *Udotea* 的区别为具有单管且部分钙化的柄。

77. 扇管藻（新拟名）

Rhipidosiphon javensis Montagne, 1842: 15; Titlyanov et al., 2011: 528; 2015: tab. SI; Titlyanova et al., 2014: 46.

Udotea javensis (Montagne) A. Gepp et E.S. Gepp, 1911: 110, fig. 36; Weber-van Bosse, 1913: 116; Tseng, 1936a: 164, fig. 23; Egerod, 1952: 379, fig. 10; Womersley et Bailey, 1970: 280; Tseng et Dong, 1978: 44; Tseng, 1983: 294, pl. 146, fig. 2; Liu, 2008: 281.

藻体灰绿色，单生，轻微钙化，高 0.7-2.5cm。柄简单，直立，单条，单管，无横壁，光滑，无硬壳，直径 10-12μm。叶片扇形，基部楔形，上部圆形且往往有裂纹，由连续叉状分枝藻丝组成，单层。藻丝直而光滑，直径多 40-50μm，分叉前不均匀缢缩。脱钙后，丝体易于分离，其上无突起。

模式标本产地：印度尼西亚爪哇岛。

习性：生长在中、低潮带礁石的隐蔽处。

产地：台湾、海南（海南岛、西沙群岛）；日本，菲律宾，新加坡，越南，印度尼西亚，马来西亚，泰国，斐济，夏威夷群岛，马绍尔群岛，印度，斯里兰卡，大洋洲，非洲等热带和部分温度较高的亚热带海域。

拟扇形藻属 *Rhipiliopsis* A. Gepp et E.S. Gepp, 1911: 45

藻体非钙化，高度小于 5mm 或大于 7cm，由叶片及柄系组成。柄系从匍匐假根或嵌入基质的掌状突起上产生，柄单管状或多管状，单管状柄光滑或由不同的棘状突起覆盖。藻体单层或多层，不规则披针形或非对称的盾形，由二歧分枝及在分歧处缢缩的管状枝构成。含异源的卵圆形叶绿体和肾形淀粉形成体。

模式种：*Rhipiliopsis peltata* (J. Agardh) A. Gepp et E.S. Gepp。

拟扇形藻属分种检索表

1. 藻体扁平，不分枝·······························刺茎拟扇形藻 *Rhipiliopsis echinocaulos*

1. 藻体杯状，具有分枝·······································育枝拟扇形藻 *R. prolifera*

78. 刺茎拟扇形藻　图 77

Rhipiliopsis echinocaulos (Cribb) Farghaly in Kraft, 1986: 54, figs. 12-16; Yoshida, 1998: 122; Ding et al., 2015: 207.

Geppella echinocaulos Cribb, 1960: 6, pl. 1, figs. 5-7, pl. 2, figs. 1-7, pl. 3, figs. 1-6; Dong et Tseng, 1983: 193, fig. 1: f-g, fig. 3: a-d, pl. 1, fig. 3.

Geppella japenica Tanaka et Itono, 1977: 347, figs. 1-4; Dong et Tseng, 1983: 190, fig. 1: a-b, fig. 2: a-d.

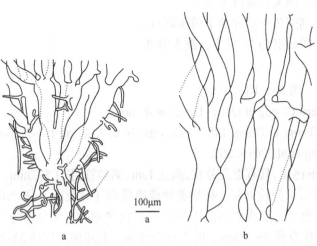

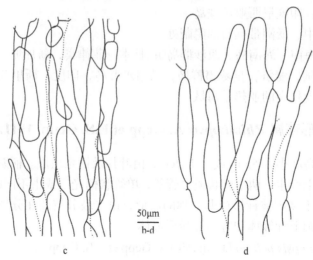

c   d

图 77　刺茎拟扇形藻 *Rhipiliopsis echinocaulos* (Cribb) Farghaly

a. 从柄侧面和叶片基部长出的不规则二叉分枝突起；b. 二叉和三叉分枝的下部藻丝；c. 中部藻丝；d. 上部藻丝，示顶端细胞

Figure 77　*Rhipiliopsis echinocaulos* (Cribb) Farghaly

a. Part of the thallus showing the irregularly dichotomous branched protrusions born on the lateral side at the stipe and the base of the blade; b. Dichotomous and trichotomous filaments at the lower part; c. Filaments at the middle part; d. Filaments at the upper part showing the apical cell

藻体暗绿色，不钙化，高达 1cm。柄长 2mm，直径可达 0.5mm，单管，在柄侧面有许多不规则的二叉分枝突起，突起直径 7-16μm，在柄上端产生 4-5 条藻丝，向上形成扇形或杯形叶片。叶片单层、双层或者多层，长达 8mm，宽约 1cm，由规则二叉分枝的藻丝组成。藻丝叉分处缢缩部位相等，叶片下部藻丝直径 36-53μm，向上逐渐变细，直径为 30-36μm，顶端钝圆，藻丝间有侧面相邻的小乳头状突起互相粘连。生殖情况不明。

模式标本产地：澳大利亚昆士兰。

习性：生长在潮间带下部和潮下带珊瑚石上。

产地：海南（西沙群岛）；日本，澳大利亚。

79. 育枝拟扇形藻　图 78；图版 IV: 5

Rhipiliopsis prolifera (Tseng et Dong) Ding comb. nov.

Geppella prolifera Tseng et Dong, 1983: 195, figs. 1c-e, 4a-h, pl. I: 1-2; Tseng, 1983: 288, pl. 143, fig. 1; Ding et al., 2015: 207.

藻体深绿色，不钙化，具有重复分枝，高达 1cm。柄单管，长 1.5-2mm，直径 150-166μm，具有许多不规则的二叉分枝突起，杯形藻叶成串排列在分枝上。藻叶的基部常常具有单条或分枝的突起。藻叶单层或多层，长 3-4mm，由规则的二叉分枝的藻丝组成，叉分处缢缩部位相等。藻丝直径 35-50μm，向上逐渐变细，上部藻丝直径 23-30μm，顶端钝圆，藻丝间有侧面相邻的小乳头状突起互相粘连。

模式标本产地：中国海南省西沙群岛。

习性：生长在潮下带 2-3m 深的珊瑚石上。

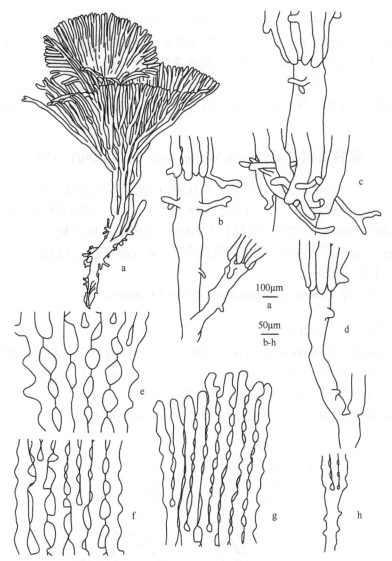

图 78　育枝拟扇形藻 *Rhipiliopsis prolifera* (Tseng et Dong) Ding comb. nov.

a. 年幼的藻体；b. 具有很多分枝的成熟藻体；c-e. 杯形叶片的三种生长方式（c. 着生在两个分枝上的叶片；d. 第一次和第二次叶片着生在一个分枝上；e. 一个分枝上着生一个叶片）；f. 叶片下部丝体；g. 叶片中部丝体；h. 具有顶端细胞的上部丝体；i. 三叉分枝的丝体

Figure 78　*Rhipiliopsis prolifera* (Tseng et Dong) Ding comb. nov.

a. Juvenile thallus; b. Adult thallus with many branches; c-e. Three growth forms of the cyathiform blades (c. Blade born on two branches by oneself; d. First and second blades born on a branch; e. Single blade born on a branch); f. Filaments at the lower part of the blade; g. Filaments at the middle part of the blade; h. Filaments with the apical cell at the upper part of the blade; i. Trichotomous branched filaments

产地：海南（西沙群岛）。中国特有种类。

评述：根据 Dong 和 Tseng（1983：195）对育枝杰氏藻 *Geppella prolifera* Tseng et Dong 的描述和图示，Kraft（1986：54）认为育枝杰氏藻的藻丝直径和柄部形态与刺茎拟扇形

藻 *Rhipiliopsis echinocaulos* （Cribb） Farghaly 的相同。因此，他认为前者可能是后者的同物异名，并在异名前打了一个问号。我们再次研究了这两个种，虽然有不少相似之处，但是在藻体外形上有很大不同，育枝杰氏藻的藻体多次分枝，杯形叶片在分枝上常呈串状排列，根据其特殊的外形，我们认为把它作为一个独立种处理更为妥当。但因对应属级地位的变动，它被处理为新组合种育枝拟扇形藻 *Rhipiliopsis prolifera*（Tseng et Dong）Ding comb. nov.。

瘤枝藻属 *Tydemania* Weber-van Bosse, 1901: 139

藻体大小不一，钙化，由一系列几乎相互缠结的螺旋瘤块组成。瘤块从单个或分枝的单管主轴或单管匍匐茎上产生，直径达 3cm 或更大，由二至四歧分枝的渐狭管状枝组成，轴直径 400-450μm。小的单层扇枝长 1-1.8cm。聚成球状的藻体长度最少可达 20cm，扇枝可达 5cm。假根管状枝在主轴上间隔地产生。通过断片进行无性繁殖。有性繁殖配子囊不特化，同配生殖。

模式种：瘤枝藻 *Tydemania expeditionis* Weber-van Bosse。

80. 瘤枝藻　图 79；图版 I: 6

Tydemania expeditionis Weber-van Bosse, 1901: 139; A. Gepp et E.S. Gepp, 1911: 66, figs. 153-154; Okamura, 1936: 112，fig. 58; Womersley et Bailey, 1970: 281; Tseng et Dong, 1978: 44, fig.2: 1, pl. I: 2; Ding et al., 2015: 207.

Tydemania gardineri A. Gepp et E.S. Gepp, 1911: 67-68, 141, pl. XVIII, fig. 155.

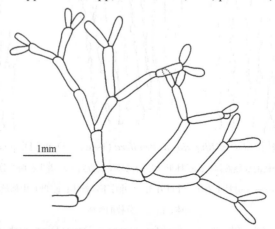

图 79　瘤枝藻 *Tydemania expeditionis* Weber-van Bosse

轮生枝的叉状分枝

Figure 79　*Tydemania expeditionis* Weber-van Bosse

Dichotomous branches on the verticillate branch

藻体灰绿色，轻度钙化，长 8-16cm，常呈团状丛生。主轴单条或稍有分枝，直径 515-630μm，其上生有许多紧密相接的瘤状团块。团块由 3-4 条轮生小枝组成。小枝重复数回叉状分枝，直径由小枝基部的 380μm 至上部 15μm。自小枝的团块中伸出假根。假根下部产生数个呈扇状的小枝，互生或对生，单层，具短柄。扇状小枝由许多叉状分枝丝体组成，丝体直径 65-250μm，由下至上逐渐变细，扇状小枝有石灰质覆盖。

模式标本产地：印度尼西亚。

习性：生长于低潮带礁石上，常成片匍匐于基质上。

产地：台湾、海南（西沙群岛、南沙群岛）；日本，印度尼西亚，菲律宾，越南，太平洋岛屿，印度，印度洋岛屿，大洋洲，非洲等热带海域。

钙扇藻属 *Udotea* Lamouroux, 1812: 186

藻体直立，高可达 30cm，由钙化的叶片、钙化的圆柱形或扁压的柄和非钙化的管状假根团块三部分组成。钙化叶片漏斗形或扇形。茎由纵向管状的髓部及其侧生长（lateral appendage）的皮层组成。叶片由二歧管状分枝组成，依次产生由简单到复杂的侧生长，导致叶片从无皮层到具厚皮层。管状分枝的壁主要由 β-1,3 木聚糖组成，缺乏纤维素。无性繁殖通过固着器上的假根或根茎延长的末端发育成新藻体。有性繁殖产生配子囊。

模式种：钙扇藻 *Udotea flabellum*（Ellis et Solander）Howe。

钙扇藻属分种检索表

1. 藻体高度不超过 6cm ·· 2
1. 藻体高度超过 6cm ·· 7
　2. 藻体高度在 4–6cm 之间 ·· 3
　2. 藻体高度不超过 4cm ························· **茸毛钙扇藻 *Udotea velutina***
3. 藻体叶片具环带 ·· 4
3. 藻体叶片无环带 ····································· **韧皮钙扇藻 *U. tenax***
　4. 叶片近柄部厚约 300μm、皮丝由 4 层藻丝组成 ······· **薄叶钙扇藻 *U. tenuifolia***
　4. 叶片近柄部厚超过 320μm、皮丝由 5 层及以上的藻丝组成 ···· 5
5. 叶片近柄部皮丝由 5 层藻丝组成 ················· **脆叶钙扇藻 *U. fragilifolia***
5. 叶片近柄部皮丝由 7 层藻丝组成 ·· 6
　6. 叶片全缘，略具环带，皮丝钙化 ················ **肾形钙扇藻 *U. reniformis***
　6. 叶片叶缘不整齐，具褶皱与裂片，明显具环带，皮丝轻微钙化或不完全钙化
　　·· **西沙钙扇藻 *U. xishaensis***
7. 侧生长丛生或聚伞状分枝，顶端截形或呈指状 ··········· **钙扇藻 *U. flabellum***
7. 侧生长单条，互生或对生，顶端圆形 ······ **银白钙扇藻泡沫状变种 *U. argentea* var. *spumosa***

81. 银白钙扇藻泡沫状变种　图 80

Udotea argentea var. **spumosa** A. Gepp et E.S. Gepp, 1911: 126, 144, pl. II, fig. 15, pl. III, fig. 25a, pl. VII, figs. 61-62; Koster, 1937: 223; Silva et al., 1987: 119; Lu et al., 1991: 5-6, fig. 1, pl. I: 5; Ding et al., 2015: 207.

藻体灰绿色，高达 12cm（不包括固着器），重度钙化。固着器 7cm 长。柄单条，通常短而粗。藻体常有纵向褶皱，有许多宽亚肾形的小片覆盖。小片上有环纹，表面呈明

显的泡沫状或者孔状（在一般放大镜下）。边缘完整，啮蚀状或者浅裂。脱钙后，藻丝容易分离，丝径 42-60μm，双层或者多层藻丝不融合，互相平行；藻丝二叉状分枝，在每一条叉分的分枝上有不等部位的缢缩。在分枝上具有许多长梨形的侧生长。侧生长单条，多数互生，少数对生，长 100-200μm，顶端圆形，具长柄。

习性：生长在水下 1m 左右的沙地上或者石缝间。

产地：海南（南沙群岛）；菲律宾，印度尼西亚，加罗林群岛。

评述：银白钙扇藻泡沫状变种与银白钙扇藻的主要区别是前者藻丝上生长单条长梨形的侧生长，而后者的侧生长顶端具有 2-6 浅裂。

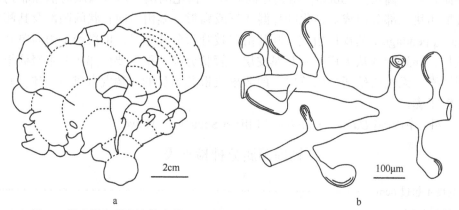

图 80　银白钙扇藻泡沫状变种 *Udotea argentea* var. *spumosa* A. Gepp et E.S. Gepp

a. 藻体的部分外形；b. 藻丝上生长的单条侧枝（侧生长）

Figure 80　*Udotea argentea* var. *spumosa* A. Gepp et E.S. Gepp

a. A part of the thallus; b. Filaments with the singular lateral appendages

82. 钙扇藻　图 81

Udotea flabellum (Ellis et Solander) Howe, 1904: 94, pl. 6; Tseng, 1983: 292, pl. 145, fig. 3; Liu, 2008: 281; Ding et al., 2015: 207.

Corallina flabellum Ellis et Solander, 1786: 124-125, pl. 24.

藻体淡绿色，具明显环带，柔韧，钙化，通过延伸的球形根状团块附着在基质上。柄圆柱形，长约 3cm，直径 4cm，上部膨胀扩展成宽大的扇形。扇形部分高 10cm，宽 15cm，不规则地分裂成几个裂片。藻体内部由多列藻丝组成，稳固相连形成结实的皮层。皮层藻丝直径 25-45μm，密集分枝，有许多不规则的侧生长。侧生长具柄，密集丛生或聚伞状分枝，顶端截形或呈指状。

模式标本产地：西印度群岛。

习性：生长在潮下带泥沙上。

产地：海南（西沙群岛、南沙群岛）；印度尼西亚，马来西亚，菲律宾，新加坡，泰国，越南，印度，斯里兰卡，非洲，大洋洲，美洲，大西洋岛屿等热带地区。

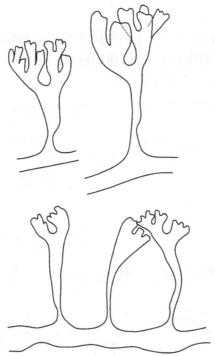

图 81　钙扇藻 *Udotea flabellum* (Ellis et Solander) Howe

具侧生长的藻丝

Figure 81　*Udotea flabellum* (Ellis et Solander) Howe

Filaments of the thallus showing the lateral appendages

83. 脆叶钙扇藻　图 82；图版 III: 2

Udotea fragilifolia Tseng et Dong, 1975: 4, fig. 2, pls. I: 2, II: 2; Tseng, 1983: 294, pl. 146, fig. 1; Liu, 2008: 281; Titlyanova et al., 2014: 46; Ding et al., 2015: 207.

　　藻体灰绿色，轻微钙化，高约 5cm，为平行或几乎平行排列的叉状分枝的藻丝所组成，叉上缢缩部位不等。

　　柄部单条，重度钙化，较硬，亚圆柱状，长 1cm，楔形，宽约 2mm。柄部皮层藻丝（皮丝）重度钙化，直径 50-60μm，具单列、二列或不规则排列的密生侧生长，有缢缩，1-4 回叉分，可达 350μm，顶端凹形；髓部藻丝（髓丝）不完全钙化，直径 50-65μm，具类似皮丝的单列侧生长；部分叉形分枝的纤细藻丝能向下生长而成为假根。

　　叶片亚圆扇形，质脆，易纵裂，高 4cm，宽 5cm，基部斜心脏形，轻度均匀钙化，略有环带。在放大镜（10-20×）下，除了近基部很小一部分外，皮丝都清晰可见，整齐且紧密平行排列，多数皮丝两侧钙化。近柄部厚 330μm，为 5 层藻丝所组成，由基部向上逐渐减少，至顶部厚 50-65μm，2 层藻丝。皮丝二叉分枝或三叉分枝。皮丝直径与侧生长随所处部位而异，上部皮丝直径 25-35μm，无侧生长，仅有轻微缢缩；中部皮丝直径 30-35μm，具不规则排列的单列或二列侧生长，仅呈单个突起状，长仅 20μm，顶端凹陷；下部皮丝直径 30-35μm，具单列、二列或不规则排列的不等长侧生长，侧生长单条棒形，无缢缩或顶端二裂，偶有偏生，长 45-65μm，顶端凹陷。髓丝不完全钙化，直径 30-40μm，具类似皮丝的侧生长，但稀疏。

模式标本：标本号 AST 58-4750，采自中国海南省西沙群岛。

习性：生长在环礁外低潮线下 4-5m 的珊瑚礁上。

产地：海南（西沙群岛）。中国特有种类。

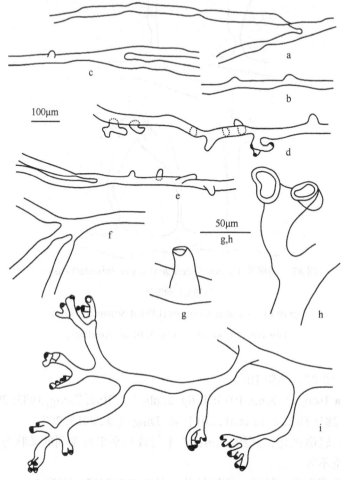

图 82　脆叶钙扇藻 *Udotea fragilifolia* Tseng et Dong

a. 叶片上部藻丝无任何乳头突起；b. 叶片中部皮丝，具乳头突起；c. 叶片中部髓丝，具一个乳头突起；d. 叶片下部皮丝具不规则排列的不同形状的侧生长；e. 叶片下部皮丝显示不等部位的叉上缢缩和不规则排列的侧生长；f. 叶片藻丝的三叉分枝；g, h. 叶片下部侧生长及其顶端；i. 柄部藻丝及侧生长

Figure 82　*Udotea fragilifolia* Tseng et Dong

a. Filaments without any papillate protuberance at the upper part of the blade; b. Cortical filaments with papillate protuberance at the middle part of the blade; c. Medullary filaments with one papillate protuberance at the middle part of the blade; d. Cortical filaments with irregularly arranged and different shape's lateral appendages at the lower part of the blade; e. Cortical filaments constricted on dichotomous different positions with the irregularly arranged lateral appendages at the lower part of the blade; f. Trichotomous branched filaments of the blade; g, h. Lateral appendages with the apex at the lower part of the blade; i. Filaments with the lateral appendages at the stipe

84. 肾形钙扇藻　图 83A，图 83B；图版 III: 4

Udotea reniformis Tseng et Dong, 1975: 7, figs. 4-5, pls. I: 4, II: 4(as '*reniformiis*'); Tseng, 1983: 294, pl. 146, fig. 3; Liu, 2008: 281; Ding et al., 2015: 207.

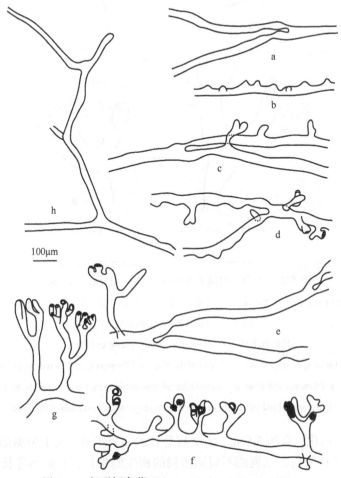

100μm

图 83A　肾形钙扇藻 *Udotea reniformis* Tseng et Dong

a. 叶片上部髓丝的轻微突起和不同部位缢缩；b. 叶片上部皮丝及乳头状侧生长；c. 叶片中部髓丝具稀疏的侧生长；d. 叶片中部皮丝具不规则排列的侧生长；e. 叶片下部髓丝具稀疏而长的侧生长；f. 叶片下部皮丝具密生侧生长；g. 柄部藻丝及侧生长；h. 生于柄部髓丝的纤细藻丝

Figure 83A　*Udotea reniformis* Tseng et Dong

a. Medullary filaments with slight protuberances and constrictions of different position at the upper part of the blade; b. Cortical filaments with papillate lateral appendages at the upper part of the blade; c. Medullary filaments with sparse lateral appendages at the middle part of the blade; d. Cortical filaments with irregularly arranged lateral appendages at the middle part of the blade; e. Medullary filaments with sparse and long lateral appendages at the lower part of the blade; f. Cortical filaments with dense lateral appendages at the lower part of the blade; g. Filaments with the lateral appendages at the stipe; h. Slender thallus filaments born on the medullary filaments at the stipe

肾形钙扇藻 图 83A，B 图版 Ⅳ-4

Udotea reniformis Tseng et Dong 1975: 5, figs. 1-5, pls. 4-II-4; 曾呈奎等，2011: 10. fig. 1953: 59, p. 186. fig. 4；刊 2008, 283; Tseng et al., 2012: 20

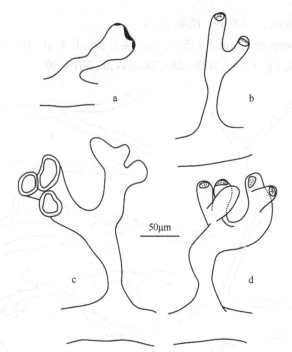

图 83B　肾形钙扇藻 *Udotea reniformis* Tseng et Dong

a. 叶片中部藻丝的单条侧生长；b. 叶片中部藻丝的叉分枝侧生长；c. 叶片下部藻丝的三次叉分枝侧生长；d. 叶片下部藻丝的指头状分枝且顶部凹陷的侧生长

Figure 83B　*Udotea reniformis* Tseng et Dong

a. Filaments with single lateral appendage at the middle part of the blade; b. Filaments with dichotomous lateral appendages at the middle part of the blade; c. Filaments with thrice dichotomous lateral appendages at the lower part of the blade; d. Filaments with digitate branched and apical concave lateral appendages at the lower part of the blade

　　藻体灰绿色，钙化，高约 5.5cm，由叉状分枝的藻丝组成，叉上缢缩部位不等，除叶片上部以外，藻丝具单列、二列或不规则排列的密生侧生长，它们不等长，简单至多次叉分，顶端凹陷。

　　柄部单条，重度钙化，较硬，长 2cm，楔形，上部宽扁，宽达 3mm，下部亚圆柱形，宽约 2mm。柄部皮丝重度钙化，直径 40-50μm，侧生长有缢缩，2-4 回叉分，有的如指头状，长可达 415μm，脱钙后，难于分离。髓丝不完全钙化，直径 50-70μm，具类似皮丝的稀疏侧生长，但较长。

　　叶片肾形、扇状，顶端边缘基本整齐，两侧不完全对称，高约 3.5cm，宽约 5.5cm，全缘，基部斜心脏形；钙化较重，不均匀，常有白色钙化小块，略有环带。在放大镜（10-20×）下，叶片 1/3 的下部藻丝不清，叶片 2/3 的中上部藻丝清晰可见。近柄部厚 650-700μm，为 7 层藻丝所组成，由基部向上逐渐减少，至顶端厚 115-135μm，3 层藻丝。皮丝钙化，上部皮丝直径 25-35μm，具单列棒状侧生长，长 35-50μm，无缢缩，顶端凹形；中部皮丝直径 30-40μm，侧生长 1-4 回叉分，部分形成指头状或偏生或不规则分枝，长可达 250μm，有缢缩，互相连接紧密，脱钙后，不易分离。髓丝一般钙化，有的不完全钙化，上部髓丝直径 25-35μm，具有稀疏的棒状顶端凹陷侧生长；中部髓丝直径 35-45µm，侧生长稀疏、叉分，少数呈指头状，有缢缩，长可达 180µm；下部髓丝直径 45-65µm，具有类似下部皮丝的单列较稀疏侧生长，很长，甚至超过 200µm，甚至延伸到皮丝以外，与皮丝的侧生长连接在一起共同组成皮层。

模式标本：标本号 AST 57-5332，采自中国海南省西沙群岛。

习性：生长在低潮线附近珊瑚礁上。

产地：海南（西沙群岛）。中国特有种类。

85. 韧皮钙扇藻　图 84；图版 III: 6

Udotea tenax Tseng et Dong, 1975: 10, figs. 7-8, pls. I: 6, II: 6; Tseng, 1983: 294, pl. 146, fig. 4; Liu, 2008: 281; Ding et al., 2015: 207.

藻体灰绿色，钙化，高约 4.5cm，由多次叉状分枝的藻丝组成，叉上缢缩部位不等，大部分藻丝的侧生长单列、二列或不规则排列，不等长，一般下部有缢缩，顶端凹形。

柄单条，较硬，长 2.5cm，圆柱形，宽 1mm，上部略扁。柄部皮丝重度钙化，直径 60-65µm；侧生长 3-6 回树枝状叉分，可达 410µm，下部具缢缩，脱钙后互相连接的侧生长难以分离。柄部髓丝不完全钙化，直径 60-75µm，具类似皮丝的稀疏侧生长，但较长，它们一般延伸到皮丝，与皮丝的侧生长互相连接共同组成皮层。部分叉状分枝的纤细藻丝反复叉分，最后形成向下生长的假根。

叶片倒钟形，略为纵褶，宽 2cm，高 2cm，基部楔形；表面观重度钙化，较均匀，但较粗糙，无环带。在放大镜（10-20×）下，除少数皮丝隐约可见外，大部分皮丝不明显；近柄部厚 660µm（未脱钙），为 7 层藻丝所组成，由基部向上逐渐减少，至顶部厚 250-350µm，3 层藻丝，藻丝钙化，二叉或三叉分枝。上部皮丝直径 35-40µm，侧生长多为单条，无缢缩，常有叉分侧生长，长 35-115µm；中部皮丝直径 40-45µm，侧生长密生，叉形分枝，偏生或不规则分枝，一般长 100-200µm，常弯曲；下部皮丝一般直径 50µm，侧生长密生，1-4 回树枝状叉分，长可达 265µm，脱钙后不易分离。髓丝不完全钙化，叶片上、中部髓丝直径 40-50µm，下部髓丝直径 50-60µm；具类似皮丝的单列侧生长，稀疏，较长，长可达 330µm，侧生长顶端均凹陷，一般延伸到皮丝，与皮丝侧生长互相连接共同组成坚韧的皮层，皮层厚 150-165µm（脱钙后）。

模式标本：标本号 AST 58-4122，采自中国海南省西沙群岛。

习性：生于低潮线下约 1m 深处的珊瑚礁上。

产地：海南（西沙群岛）。中国特有种类。

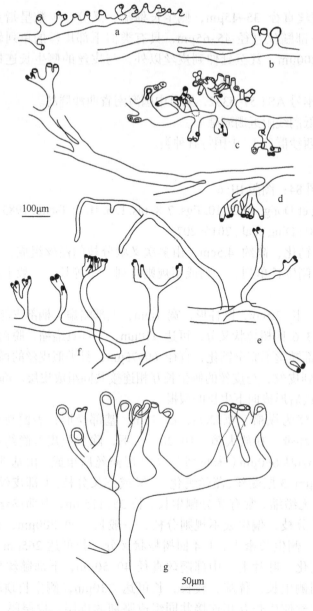

100μm

50μm

图 84　韧皮钙扇藻 *Udotea tenax* Tseng et Dong

a. 叶片上部皮丝，具密生的单条或顶二裂的侧生长；b. 叶片中部髓丝，叉上缢缩部位不等，具稀疏侧生长；c. 叶片下部皮丝具密生不规则排列、不等长的侧生长；d. 叶片下部髓丝具稀疏而较长的侧生长；e. 柄部髓丝的侧生长及纤细藻丝（这些可能形成假根）；f. 柄部皮丝具有侧生长；g. 叶片下部藻丝侧生长，显示其复杂的分枝情况和顶端

Figure 84　*Udotea tenax* Tseng et Dong

a. Cortical filaments with dense single or apical dichotomous lateral appendages; b. Medullary filaments constricted on the dichotomous different position with the sparse lateral appendages at the middle part of the blade; c. Cortical filaments with irregularly arranged and various length's lateral appendages at the lower part of the blade; d. Medullary filaments with sparse and long lateral appendages at the lower part of the blade; e. Medullary filaments with the lateral appendages and slender filaments (presumed form rhizoids) at the stipe; f. Cortical filaments with the lateral appendages at the stipe; g. Filaments with the lateral appendages at the lower part of the blade showing their complicated branch system and apex

86. 薄叶钙扇藻　图 85；图版 III: 1

Udotea tenuifolia Tseng et Dong, 1975: 2, fig. 1, pls. I: 1, II: 1; Tseng, 1983: 294, pl. 146, fig. 5; Liu, 2008: 281; Ding et al., 2015: 207.

图 85　薄叶钙扇藻 *Udotea tenuifolia* Tseng et Dong

a. 叶片上部藻丝，具乳头侧生长；b. 叶片中部皮丝，具乳头和棒状侧生长；c. 叶片中部髓丝，具乳头侧生长；d. 叶片下部皮丝，具不规则排列和密生侧生长；e. 叶片中部侧生长，顶凹形；f. 叶片下部髓丝，显示其上枝向外生长成为皮丝；g. 柄部髓丝及较长的侧生长；h. 柄部皮丝，具密生侧生长

Figure 85　*Udotea tenuifolia* Tseng et Dong

a. Filaments with the papillate lateral appendages at the upper part of the blade; b. Cortical filaments with papillate and clavate lateral appendages at the middle part of the blade; c. Medullary filaments with the papillate lateral appendages at the middle part of the blade; d. Cortical filaments with irregularly arranged and dense lateral appendages at the lower part of the blade; e. Lateral appendages with the apical concavity at the middle part of the blade; f. Medullary filaments at the lower part of the blade showing their branches grow outward into the cortical filaments; g. Medullary filaments with the longer lateral appendages at the stipe; h. Cortical filaments with dense lateral appendages at the stipe

　　藻体灰绿色，轻度钙化，高可达 4.5-6cm，为叉状分枝的藻丝所组成，叉上缢缩部位不等。

柄部单条，轻度钙化，较软，长 1.2-2cm，楔形，上部亚圆柱形，宽约 2mm，下部略窄，宽约 1mm，其上产生 1 个楔形扇状叶片。藻丝轻度钙化。皮丝直径 50-65μm，具单列、二列或不规则排列的密生侧生长。侧生长有缢缩，2-4 回叉分，长可达 365μm，顶端凹形，相互紧密连接，脱钙后侧生长难以分离。髓丝直径 50-75μm，具有类似皮丝的单列侧生长，稀疏，较长。

叶片扇形，基部楔形，较薄，边缘不完整，宽 2-3.5cm，高 3-4cm，轻度均匀钙化，呈明显环带状。在放大镜（10-20×）下，皮丝清晰可见，直径约 20-40μm，丝间疏松，向上渐细。近柄部厚300μm，为 4 层藻丝所组成，由基部向上逐渐减少，至顶部厚65-80μm，2 层藻丝。上部藻丝在两侧的钙化，中间的不钙化，中部和下部皮丝完全钙化。藻丝直径和侧生长随藻体部位而异，上部皮丝直径 20-30μm，侧生长表现为轻微突起；中部皮丝直径 30-35μm，具侧生长，侧生长单列，单条，不等长，不缢缩，顶端凹形，长 30-60μm；下部皮丝直径 30-40μm，具同样排列的侧长生，侧长生单条或上部简单二裂，不缢缩，顶端凹形，长 30-60μm。髓丝直径 30-40μm，具类似皮丝的单列侧生长，稀疏，无缢缩。

模式标本：标本号 AST 57-5313，采自中国海南省西沙群岛。

习性：生长在低潮带珊瑚礁上。

产地：海南（西沙群岛）。中国特有种类。

评述：本种的近缘种为印度钙扇藻 *Udotea indica* A Gepp et E.S. Gepp 和掌状钙扇藻 *U. palmetta* Decaisne。这三种都轻度钙化，叶片藻丝在放大镜下清晰可见，藻丝的叉上缢缩部位不等，侧生长简单。但是，本种叶片顶部藻丝 2 层，藻丝侧生长有单列，也有二列，甚至不规则排列，柄部藻丝比叶片藻丝大很多，将近一倍，叶片基部楔形，而其他两种的叶片顶部藻丝 3 层，藻丝侧生长则为单列，柄部和叶片部藻丝大小差不多（根据附图测量）。

87. 茸毛钙扇藻　图 86；图版 III: 5

Udotea velutina Tseng et Dong, 1975: 9, fig. 6, pls. I: 5, II: 5; Tseng, 1983: 294, pl. 146, fig. 6; Liu, 2008: 281; Ding et al., 2015: 207.

藻体淡绿黄色，高 2.7cm，为多次叉状分枝的藻丝所组成，叉上缢缩部位不等，具单列、二列或不规则排列的侧生长。侧生长不等长，一般下面有缢缩，顶端凹陷。

柄部单条，轻度均匀钙化，较软，1.2cm（不完整），下部亚圆柱形，上部宽扁，宽达 3mm。柄部皮丝轻度钙化，直径 40-50μm；侧生长密生，具缢缩，2-4 回树枝状叉分，长达 360μm，脱钙后不易分离。髓丝不完全钙化，直径 50-65μm；具有类似皮丝的侧生长，稀疏，较长；在髓丝上还可见少量纤细藻丝，可形成假根。

叶片肾形、扇状，宽约 3cm，高约 1.5cm，基部匀称心脏形，全缘，略具环带，柔软，轻度钙化，表面观茸毛状。在放大镜（10-20×）下，叶片下部和大部分中部皮丝不清，明显多孔状。近柄部的叶片皮层厚415μm，为 6 层藻丝所组成，由基部向上逐渐减少；至顶部厚 115μm，2 层藻丝。叶片皮丝钙化，上部皮丝直径 30-40μm，侧生长单条或二裂，长 50-85μm，缢缩存在或否；中部皮丝直径 35-40μm，侧生长具缢缩，一般 1-2 回叉分，长 80-130μm；下部皮丝直径 40-50μm，侧生长非常密生，一般 2-3 回树枝状或指头状叉分，长 150-230μm。髓丝不完全钙化，上部直径 35-45μm，中部直径 35-50μm，下部直径 50-70μm；具类似皮丝的侧生长，稀疏但较长；下部髓丝的侧生长长可达 330μm，一般延伸到皮丝中，与皮丝的侧生长互相连接共同形成皮层。

　　模式标本：标本号 AST 58-4885，采自中国海南省西沙群岛。

　　习性：生长于低潮线下约 1m 深处的珊瑚礁上。

　　产地：海南（西沙群岛）；越南。

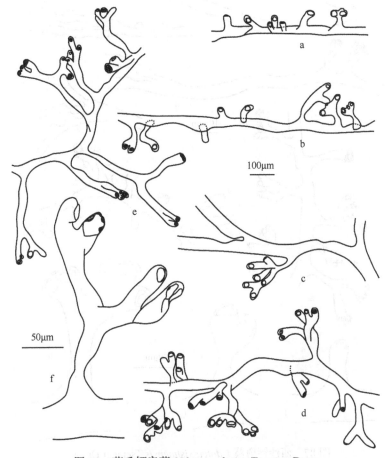

图 86　茸毛钙扇藻 *Udotea velutina* Tseng et Dong

a. 叶片上部藻丝及不同形状的侧生长；b. 叶片中部皮丝具有不规则排列的不等长的侧生长；c. 叶片下部髓丝缢缩部位不等，并具侧生长；d. 叶片下部皮丝具不规则排列的密生侧生长；e. 叶片中部藻丝侧生长；f. 柄部藻丝及侧生长，示侧生长的凹顶

Figure 86　*Udotea velutina* Tseng et Dong

a. Filaments with the lateral appendages of different shapes at the upper part of the blade; b. Cortical filaments at the middle part of the blade showing irregularly arranged and various length's lateral appendages; c. Medullary filaments at the lower part of the blade showing different constriction position and the lateral appendages; d. Cortical filaments with irregularly arranged dense lateral appendages; e. Lateral appendages of the filaments at the middle part of the blade; f. Lateral appendages of the filaments at the stipe showing the concavity

88. 西沙钙扇藻　图 87；图版 III: 3

Udotea xishaensis Tseng et Dong, 1975: 6, fig. 3, pls. I: 3, II: 3; Tseng, 1983: 296, pl. 147, fig.

1; Liu, 2008: 281; Ding et al., 2015: 207.

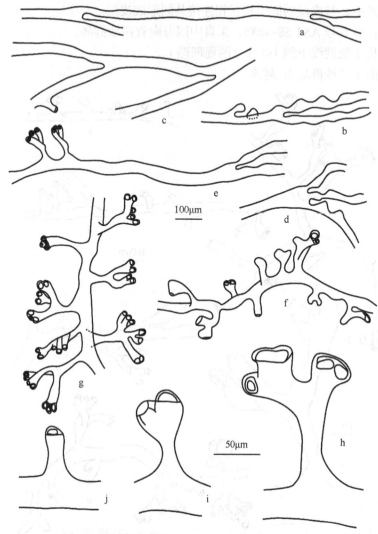

图 87　西沙钙扇藻 *Udotea xishaensis* Tseng et Dong

a. 叶片上部藻丝；b. 叶片中部皮丝及侧生长，示念珠状的缢缩部分；c. 叶片中部髓丝具侧生长，示不同部位的缢缩；d. 叶
片藻丝的三叉分枝；e. 叶片下部髓丝具有叉分枝的单列侧生长；f. 叶片下部皮丝具不等长和不同形状的侧生长；g. 柄部藻
丝具侧生长；h, i. 叶片下部侧生长及凹顶；j. 叶片中部棒状侧生长及凹顶。（h-i 比例尺为 50μm，其他图为 100μm）

Figure 87　*Udotea xishaensis* Tseng et Dong

a. Filaments at the upper part of the blade; b. Cortical filaments and lateral appendages at the middle part of the blade showing
moniliform constriction; c. Medullary filaments with the lateral appendages at the middle part of the blade showing the constrictions
at the different positions; d. Trichotomous filaments of the blade; e. Medullary filaments at the lower part of the blade showing the
dichotomous uniseriate lateral appendages; f. Cortical filaments at the lower part of the blade showing various length and different
shape's lateral appendages; g. Filaments of the stipe showing the lateral appendages; h, i. Lateral appendages with the concavity at
the lower part of the blade; j. Clavate lateral appendages with the apical concavity at the middle part of the blade. (Scale bar: 50μm
for h-i, 100μm for the others)

藻体灰绿色，适度钙化，高约 6cm，由多次叉状分枝的藻丝组成，叉上缢缩部位不等。

柄部皮丝重度钙化，直径 45-55μm，具二列或不规则排列的密生侧生长，2-4 回叉分，长可达 365μm，脱钙后分离时易折断。髓丝轻度钙化，少数不完全钙化，直径 45-65μm，具有类似皮丝的稀疏而较长的侧生长及纤细藻丝。纤细藻丝向下生长形成假根。

叶片宽扇形，宽约 5.5cm，高约 3cm，顶部多少裂开，叶缘不整齐，中、上部有纵褶皱与裂片，基部两侧不对称。在放大镜（10-20×）下，皮丝钙化较轻，少数不完全钙化；中、上部和部分下部皮丝清晰可见，明显呈环带状，带间距宽约 2mm，丝间空隙多，近柄部的藻丝隐约可见，丝间空隙少。近柄部叶片皮层厚约 415μm，为 7 层藻丝所组成，由基部向上逐渐减少，在顶端厚 120-130μm，3 层藻丝，除二叉分枝外，有时三叉分枝。皮丝直径与侧生长随叶片部位而异，上部皮丝直径 25-35μm，具稀少的无缢缩的单条侧生长，长 20-35μm；中部皮丝直径 30-40μm，具单列、二列或不规则排列的棒形-拳头状的侧生长，长 50-70μm，偶有顶部二裂；下部皮丝直径 35-40μm，具同样排列的密生侧生长，侧生长叉分或偏生，长 100-160μm，有缢缩。髓丝较粗，上部直径 35-40μm，中部直径 40-45μm，下部直径 40-50μm，具有类似皮丝的单列侧生长，稀疏。

侧生长全部凹顶。

模式标本：标本号 AST 58-4563，采自中国海南省西沙群岛。

习性：生长于潮间带下部到低潮线下约 1m 附近的珊瑚礁上。

产地：海南（西沙群岛）。中国特有种类。

羽藻目 BRYOPSIDALES Schaffner, 1922: 129

异型世代交替。配子体稍大，为直立丝体或囊状，分枝或不分枝的多核细胞体。叶绿体颗粒状或盘状。孢子体呈小型丝状分枝，成熟产生多鞭毛的游动孢子。孢子体细胞壁含甘露聚糖（mannan），配子体细胞壁含木聚糖（xylan），含管藻素和管藻黄素，淀粉核存在或否。有性生殖为异配，雌雄同株或异株。

模式科：羽藻科 Bryopsidaceae Bory de Saint-Vincent。

这个目比较小，我国只有 2 个科，即羽藻科 Bryopsidaceae 和德氏藻科 Derbesiaceae，共 4 属 17 种。

羽藻目 Bryopsidales 分科检索表

1. 配子体和孢子体都为丝状。配子体较大，多分枝，通常具有 1 个或几个主轴。孢子体较小，只有几毫米长，丝体内产生动孢子 ………………………………………… **羽藻科 Bryopsidaceae**
1. 配子体卵圆形或囊状。孢子体丝状，亚二叉状至不规则分枝，孢子囊侧生，轮生鞭毛游动孢子产生于孢子囊内 ………………………………………… **德氏藻科 Derbesiaceae**

羽藻科 Bryopsidaceae Bory de Saint-Vincent, 1829: 203

藻体（配子体）直立，不分隔，由匍匐假根和直立羽状分枝组成，通常几至十几厘米高，具有 1 个至几个明显的轴，羽状或辐射状分枝。细胞内含多细胞核和叶绿体。异型世代交替。有性生殖为异配，配子囊直接由小羽枝的基部产生隔壁转变而成。孢子体丝状，小型，成熟产生多鞭毛的游动孢子，游动孢子生长发育成配子体。

模式属：羽藻属 *Bryopsis* Lamouroux。

羽藻科分属检索表

1. 配子囊由末端小枝转化而成 ·· 羽藻属 *Bryopsis*
1. 配子囊卵形，侧生于羽枝上 ·· 毛管藻属 *Trichosolen*

羽藻属 *Bryopsis* Lamouroux, 1809: 333

藻体（配子体）分匍匐和直立两部分。匍匐部分为假根状分枝。直立部分具有不明显的中轴，其上产生许多分枝。分枝通常产生羽状排列的小枝，有时呈放射状。细胞内含多细胞核及叶绿体，叶绿体含有淀粉核。在小羽枝和主轴的中央有一个大液泡，并相互贯通。雌雄同株或异株，异配生殖。异型世代交替。孢子体为不规则的小型分枝体，成熟产生游动孢子，发育成配子体。

模式种：羽状羽藻 *Bryopsis pennata* Lamouroux。

羽藻属分种检索表

1. 分枝轮生，多数可达 5 条 ·· 轮生羽藻 *Bryopsis verticillata*
1. 分枝非轮生 ··· 2
   2. 藻体小，高度不超过 1cm ·· 丛簇羽藻 *B. cespitosa*
   2. 藻体高度超过 1cm ··· 3
3. 主轴不分叉，小枝向各个方向产生 ·· 藓状羽藻 *B. muscosa*
3. 主轴分叉 ··· 4
   4. 藻体下部分枝长，上部分枝短，呈伞房状 ······························· 伞形羽藻 *B. corymbosa*
   4. 藻体不呈或不明显呈伞房状 ·· 5
5. 主轴上部呈二歧分枝 ·· 羽状羽藻 *B. pennata*
5. 主轴上部不呈二歧分枝状 ·· 6
   6. 主轴顶部弯曲，分枝上的小枝全部偏生于主轴的一侧 ··················· 偏列羽藻 *B. harveyana*
   6. 主轴顶部不弯曲，分枝上的小枝不规则，对生、侧生、互生或向各方向产生 ······················· 7
7. 分枝上的小枝，向各方向生长 ·· 8
7. 分枝上的小枝，多着生于羽轴的两侧 ··· 9
   8. 分枝分叉 ·· 藓羽藻 *B. hypnoides*
   8. 分枝不分叉 ··· 琉球羽藻 *B. ryukyuensis*
9. 藻体高在 3cm 以下 ··· 印度羽藻 *B. indica*
9. 藻体高在 3cm 以上 ··· 10
   10. 小羽枝的小枝基部多膨胀，多向下产生假根 ····························· 假根羽藻 *B. corticulans*
   10. 小羽枝上的小枝基部多不膨胀，很少向下产生假根 ··· 11
11. 小羽枝多呈现不规则的羽毛状，其小枝规则地在羽轴上呈两侧、单侧或放射状分布 ·················
·· 南方羽藻 *B. australis*

89. 南方羽藻 图88A，图88B

Bryopsis australis Sonder, 1845: 49; 1846: 152; Kützing, 1856: 28, pl. 81, fig. 1; Agardh, 1887: 26-27; Womersley, 1984: 284, figs. 96D-E, 97B; Lee, 2008: 59; Titlyanova et al., 2012: 459, fig. 29; Ding et al., 2015: 208.

藻体深绿色，有光泽，密集丛生，高5-10cm，基部具有长短不一的假根固着于基质上。假根分叉或不分叉，直径50-200μm。直立藻体分枝较密集，近伞房状，分枝2-3次或更多次；老的分枝多不规则，侧生、对生或集生，下部多裸露无分枝或仅有少量分枝；上部小枝多呈羽状或偏羽状排列，下部小枝长，上部小枝短，外形呈塔状披针形。羽状枝的末端小枝不甚规则，多在主轴两侧，少数着生主轴一侧，每侧由二列或不规则二列组成，在羽状枝的顶部常呈不规则放射状排列，小枝圆柱状或棒状，顶端钝圆，基部缢缩。老藻体主轴枝往上留有枝痕。藻体由下向上渐细，主枝下部直径500-740（-800）μm，分枝直径450-550μm，小羽枝羽轴直径200-450μm，末小枝基部缢缩，长1000-3500μm，直径120-200μm。色素体球形至卵形，直径5-7.5μm。

生殖器官不明。

模式标本产地：澳大利亚弗里曼特尔。

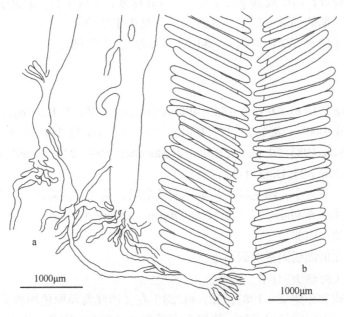

图88A 南方羽藻 *Bryopsis australis* Sonder

a. 藻体基部假根；b. 分枝侧面观。（20092102, 20092022）

Figure 88A *Bryopsis australis* Sonder

a. Rhizoids of the basal part of the thallus; b. Lateral view of the branch. (20092102, 20092022)

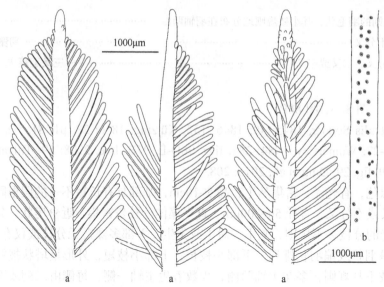

图 88B　南方羽藻 *Bryopsis australis* Sonder

a. 上部藻体，示两侧分枝、不规则两侧分枝和放射状分枝；b. 枝痕。（AST 20092102，20092022）

Figure 88B　*Bryopsis australis* Sonder

a. Upper part of the thallus showing the bilateral, irregularly bilateral and radiate branches; b. Remain scars when old branchlets fallen off. (AST 20092102, 20092022)

习性：在潮间带石沼中或潮下带至水面下 1m 深处，大量生长，附着于岩石、养殖网箱、绳缆、木块、船侧面等基质上。在海南岛仅见生于冬季。

产地：海南（陵水，琼海潭门）；韩国（济州岛），大洋洲。

90. 丛簇羽藻

Bryopsis cespitosa Suhr ex Kützing, 1849: 490; Areschoug, 1851: 5; Kützing, 1856: 26, pl. 72, fig.1; De Toni, 1889: 428; 1923: 477; Barton, 1893: 81; Yendo, 1915: 104; Okamura, 1936: 89; Hang et Sun, 1983: 20, pl. 28; Bolton et Stegenga, 1990: 236; Farrell et al., 1993: 149; Silva et al., 1996: 804; Ding et al., 2015: 208.

藻体深绿色，非常小，细毛状，丛生。羽枝羽状，从主轴两侧产生，基部轻微缢缩，有时不缢缩。藻体高 6-9mm，主轴直径 60-70μm，羽枝略细一些。

模式标本产地：南非。

习性：生长在低潮线附近的岩石上。

产地：浙江（海礁）；日本，南非。

评述：杭金欣和孙建章（1983：20，pl. 28）在《浙江海藻原色图谱》一书中，报道了丛簇羽藻，作为中国的新记录种。我们没有采到此种标本，因此，先引用他们的资料，待今后有机会见到此标本时，再做研究。

91. 假根羽藻　图 89

Bryopsis corticulans Setchell in Collins et al., 1899: no. 626; Setchell et Gardner, 1920: 160, pl. 15, figs. 4-5, pl. 27; Okamura, 1936: 91; Abbott et Hollenberg, 1976: 111, fig. 70; Hang et Sun, 1983: 19, fig. 27; Yoshida, 1998: 138; Ding et al., 2015: 208.

Bryopsis plumosa f. *corticulans* (Setchell) Yendo, 1917: 190.

藻体暗绿色或绿色，丛生，较粗大，高 5-10cm。固着器假根状，假根较发达，直径 85-150μm。主轴直立，比较粗壮，圆柱形，直径约 1mm，下部裸露，上部有许多几乎在一个平面上的圆柱形、羽状排列的分枝。分枝在藻体的下部较稀疏，上部较多，通常分枝 2-3 次，张开，互生或对生，呈羽状或不规则羽状。分枝和羽状小枝基部缢缩，往往在分枝及上部小枝基部生出较稀疏丝状假根，有时羽状小枝基部亦生出假根丝。藻体下部较粗，向上渐细，主轴直径 500-600μm，分枝直径 160-450μm，末端羽状小枝长 200-6000μm，由下向上逐渐变短，排列呈宝塔形，直径 50-240μm，长为宽（径）的 11-25 倍。

模式标本产地：美国加利福尼亚。

习性：生长在潮间带中部和下部岩石的垂直面上或附着于其他海藻上，夏季繁茂。

产地：辽宁（大连、瓦房店、兴城）、河北（秦皇岛）、山东（青岛）、浙江（普陀山、象山港、大陈岛、嵊山、渔山、洞头和南麂列岛）；日本，朝鲜半岛，美国（加利福尼亚），加拿大（温哥华），大西洋两岸。

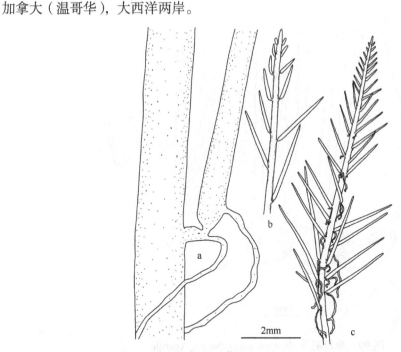

图 89　假根羽藻 *Bryopsis corticulans* Setchell

a. 小枝基部假根；b. 藻体上部小枝；c. 藻体上部小枝，示假根和羽状小枝。（DNHM97283）

Figure 89　*Bryopsis corticulans* Setchell

a. Rhizoids from the basal part of the branchlets; b. Branchlets of the upper part of the thallus; c. Upper part of the thallus showing the rhizoids and pinnate branchlets. (DNHM97283)

92. 伞形羽藻 图 90

Bryopsis corymbosa J. Agardh, 1842: 21; Børgesen, 1925: 100, figs. 41-42; Okamura, 1936: 90; Silva et al., 1996: 804; Yoshida, 1998: 139.

藻体浅绿色或黄绿色，柔软黏滑，呈团块状，高 1-2cm，直立枝基部生有大量假根和匍匐枝，互相连接纠缠。假根分枝或不分枝，直径 30-150μm。匍匐枝不规则分枝，略粗，直径 150-300μm。直立枝生于匍匐枝上，线状，下部裸露不分枝或少分枝，上部分枝 2-3 次，不规则互生、对生或偏生，下部枝长，上部枝短，多呈伞房状，分枝基部缢缩，顶端钝圆。藻体下部稍粗，向上渐细，主枝直径 160-220μm，分枝直径 100-160μm，末端分枝长 300-1700μm，直径 60-130μm。色素体卵形或球形，直径 4-5μm，具有 1 个淀粉核。

模式标本产地：意大利里窝那。

习性：在潮下带或低潮带的大石沼中，附着于养殖伐架或岩石上。丛生聚集呈半球形，或不规则块状，常常吸附大量细泥。

产地：福建（漳浦下垵）；日本，朝鲜半岛，新加坡，印度，巴基斯坦，马达加斯加，地中海，加那利群岛。

中国新记录种。

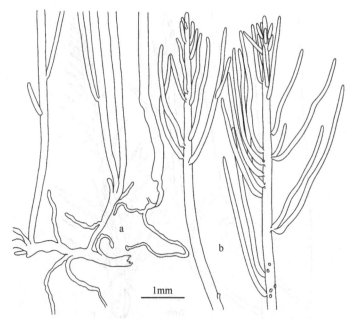

图 90 伞形羽藻 *Bryopsis corymbosa* J. Agardh

a. 藻体下部，示直立枝、匍匐枝和假根；b. 藻体上部。（20059105）

Figure 90 *Bryopsis corymbosa* J. Agardh

a. Lower part of the thallus showing erect branches, creeping branches and rhizoids; b. Upper part of the thallus. (20059105)

93. 偏列羽藻 图 91；图版 IV: 6

Bryopsis harveyana J. Agardh, 1887: 22; Yamada, 1925: 90; Okamura, 1936: 90; Shen et Fan, 1950: 324; Segawa, 1956: 14, pl. 7; Tseng et Dong, 1983: 109-110, fig. 1; Tseng, 1983: 280, pl. 139, fig. 1; Lewis et Norris, 1987: 10; Chiang et al., 1990: 40; Ding et al., 2015: 208.

Bryopsis plumosa var. *secunda* Harvey, 1858: 31, pl. 45, figs. 1-3.

Bryopsis pennata var. *secunda* (Harvey) Collins et Harvey, 1917: 62.

藻体亮绿色或深绿色，直立，柔弱丛生，下部裸露，上部具有分枝，分枝偏于一侧，高 3-5cm。假根由主轴和老分枝基部向下产生，多不分枝，亦少有分枝，直径 30-160μm。直立主轴多个，分枝侧生或集生于主轴，上部稍弯曲，分枝外形呈半羽状，基部多少具有缢缩；在轴的中上部一侧偏生很多栉状小枝，小枝多呈二列、三列或不规则多列；轴的下部裸露无小枝，呈柄状。下部分枝略粗，向上渐细，主轴直径 180-500μm，分枝直径 200-400μm，小羽枝主轴直径 120-300μm，末端小枝（偏生枝）长 500-3000μm，直径（66-）80-120μm，长是直径的 2.5 倍。色素体长球状或卵形，直径 5-8μm。

模式标本产地：美国佛罗里达。

习性：生长在潮间带中、下部珊瑚礁或岩石的隐蔽处。

产地：台湾（北部、小琉球、恒春半岛）、海南（海南岛、西沙群岛）；日本，马绍尔群岛，汤加群岛，美国，西印度群岛，坦桑尼亚等地。

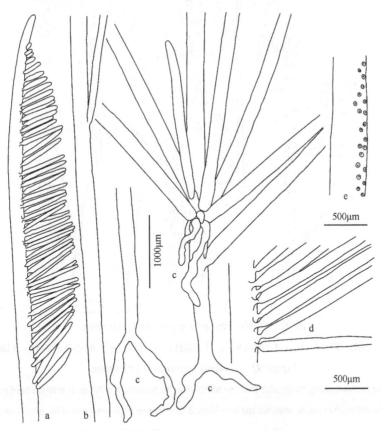

图 91　偏列羽藻 *Bryopsis harveyana* J. Agardh

a. 偏生小枝；b. 小枝柄；c. 藻体下部，示假根、主枝和分枝；d. 部分小枝，示基部缢缩；e. 枝痕。（DNHM92-99）

Figure 91　*Bryopsis harveyana* J. Agardh

a. Secund branchlets; b. Stalk of the branchlet; c. Lower part of the thalli showing the rhizoids, main branch and branches; d. A part of branchlets showing the constriction at the basal part; e. Remain scars when old branchlets fallen off. (DNHM92-99)

94. 藓羽藻 图92

Bryopsis hypnoides Lamouroux, 1809: 333; Setchell et Gardner, 1920: 159; Yamada, 1928: 503, fig. 6; Okamura, 1936: 90; Smith, 1944: 73, pl. 9, fig. 2; Taylor, 1960: 130; Tseng et Chang, 1962: 50, 54; Li, 1964: 102, fig. 15; Abbott et Hollenberg, 1976: 113; Tseng, 1983: 278, pl. 138, fig. 4; Hang et Sun, 1983: 19, 117, fig. 26, 154; Nguyen et Huynh, 1993: 104; Yoshida, 1998: 139.

Bryopsis carticulans sensu Tseng, 1983: 278, pl. 138, fig. 4; Luan, 1989: 117, fig. 154; Ding et al., 2015: 208.

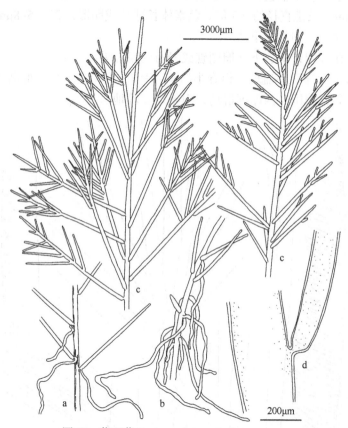

图 92　藓羽藻 *Bryopsis hypnoides* Lamouroux

a. 藻体中部，示小枝基部假根；b. 藻体基部假根；c. 上部藻体，示分枝及小枝；d. 小枝基部缢缩。(DNHM96512)

Figure 92　*Bryopsis hypnoides* Lamouroux

a. Middle part of the thallus showing the rhizoids from the basal part of the branchlets; b. Rhizoids from the basal part of the thallus;

c. Upper part of the thallus showing the branches and branchlets; d. Constriction at the basal part of the branchlets. (DNHM96512)

　　藻体浅绿色到黄绿色，直立，柔软，丛生，高 8-14cm，在下部或中下部常向下产生分枝的假根固着于基质上。假根直径 100-250μm。直立主轴圆柱状，下部裸露，基本没有分枝，分枝从各个方向长出，由下向上渐细。分枝多次，丰富，不规则，互生、侧生或对生，多呈伞房状。主轴直径 300-520μm，分枝直径 150-300μm，小枝再分枝，侧生，放射状，末端小枝长 1000-3000（-5000）μm，直径（宽）（60-75）90-130μm，长为宽的 10-35 倍。分枝基部明显缢缩。叶绿体卵圆形，直径 7-8μm，含 1 个淀粉核。

模式标本产地：地中海塞特。

习性：生长在潮间带中部和下部的石沼中，喜生沙质透明度稍小的海域，渤海区夏季大量出现，多附着于岩礁上，其他基质上亦有生长。

产地：辽宁（锦州、葫芦岛、大连）、山东（烟台、威海、青岛），浙江（普陀山、象山港、南麂列岛）、黄海、渤海、东海沿岸；日本，朝鲜半岛，越南，斯里兰卡，印度，伊朗，科威特，肯尼亚，坦桑尼亚，马达加斯加，毛里求斯，美国太平洋沿岸，法国地中海沿岸等地。

评述：本种的主要特征为，①藻体上部具有不在同一平面上的不规则重复分枝，下部裸露；②分枝基部常常产生向下的假根状丝体；③分枝基部突然缢缩。我们检查了黄渤海沿岸的标本，发现其分枝排列不规则，各个方向都能生长且不在同一平面上，非羽状排列，主分枝基部常常产生向下的假根状丝体，这显然是藓羽藻的特征。Tseng（1983）鉴定为假根羽藻可能是错误的，应为藓羽藻。从栾日孝（1989: 117，fig. 154）的图上看，亦是如此，可能亦是藓羽藻的错误鉴定。

95. 印度羽藻　图 93A，图 93B

Bryopsis indica A. Gepp et E.S. Gepp, 1908: 169, pl. 22, figs. 10-11; Yamada, 1934: 61, fig. 30; Okamura, 1936: 91; Børgesen, 1940: 44; Chiang, 1960: 65; Womersley et Bailey, 1970: 271; Lewis et Norris, 1987: 10; Yoshida, 1998: 139; Ding et al., 2015: 208.

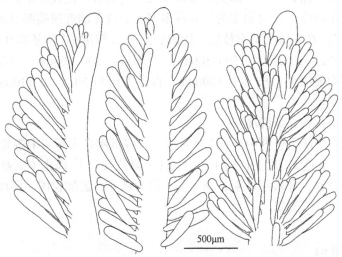

500μm

图 93A　印度羽藻 *Bryopsis indica* A. Gepp et E.S. Gepp

羽枝的上部，示偏生、两侧生和放射状小枝（20092112）

Figure 93A　*Bryopsis indica* A. Gepp et E.S. Gepp

Upper part of the pinnate branches showing the secund, bilateral and radiate branchlets (20092112)

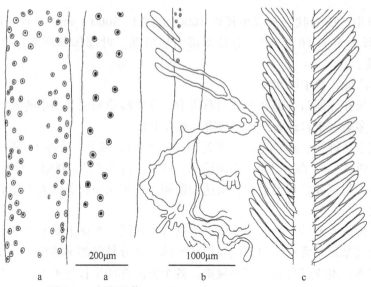

图 93B　印度羽藻 *Bryopsis indica* A. Gepp et E.S. Gepp

a. 小枝痕；b. 假根（20092112）；c. 羽枝中部（DNHM87-175）

Figure 93B　*Bryopsis indica* A. Gepp et E.S. Gepp

a. Remain scars when the branchlets fallen off; b. Rhizoids (20092112); c. Middle part of the pinnate branch (DNHM87-175)

　　藻体深绿色，疏松，丛生，直立，矮小，高 1.5-3cm，基部由假根缠绕固着在基质上。假根由直立藻体基部产生，分枝或不分枝，长短不一，表面凹凸不平，直径 60-150μm。直立藻体比较单一，放射状，常产生 1 个分枝，有时 2-3 个分枝。主轴明显，主轴和分枝比较粗壮，下部裸露，中、上部生有很多小枝，近羽状，比较简单且短。小枝多在轴的两侧互生，少单侧生，在每侧多为二列或多列，少数在轴近顶端部呈放射状排列，老藻体的小枝常脱落，在主轴上留有枝痕。主轴较粗，小枝较细；主轴基部直径 500-700μm，下部直径 300-450μm，中部直径 300-500μm，上部直径 200-300μm；末端小羽枝棒状，顶端钝圆，基部明显缢缩，长 800-1200μm，直径（宽）（50-）70-110μm。色素体圆球状。生殖器官不明。

　　模式标本产地：查戈斯群岛。

　　习性：生长在中潮带礁湖中岩石上或贝壳上，或低潮带大石沼中避光处的岩石上。

　　产地：辽宁（大连）、浙江（平阳）、台湾（基隆八尺门）、海南（三亚、乐东、陵水）等地；日本，菲律宾，印度尼西亚，新加坡，澳大利亚，孟加拉国，印度，斯里兰卡，毛里求斯，塞舌尔，索马里。

96. 藓状羽藻　图 94

Bryopsis muscosa Lamouroux, 1809: 333, pl. 1, fig. 4; Yendo, 1915: 104; Okamura, 1936: 91; Chiang, 1960: 65; Lewis et Norris, 1987 : 10 ; Yoshida, 1998: 140; Ding et al., 2015: 208.

　　藻体暗绿色，密集丛生，直立，高 3-10cm。假根多由主轴的基部产生，在藻体下部小羽枝的基侧亦有生长，直径 30-80μm。直立主轴明显，通常基部由假根相连，多不分叉，或偶见分叉，直径 90-180μm，下部裸露不产生小羽枝，上部产生不规则放射状密生小羽枝。小羽枝基部明显缢缩。末端小枝圆柱状，顶端钝圆或微尖，长 600-1700（-2000）μm，直径（宽）40-90（-105）μm，壁厚 3-4μm。

模式标本产地：地中海。

习性：在低潮带丛生于岩礁上。

产地：浙江（平阳南麂岛）、台湾（基隆八尺门）；日本，地中海。

评述：Chiang（1960：65）在 *Marine algae of northern Taiwan（Cyanophyta, Chlorophyta, Phaeophyta）* 一文中，报道了藓状羽藻，作为中国的新记录种，但文中没有详细的描述和图。我们没有采自台湾的标本，本种部分内容是依据采自浙江的幼藻体标本（DNHM87-177）而描述。

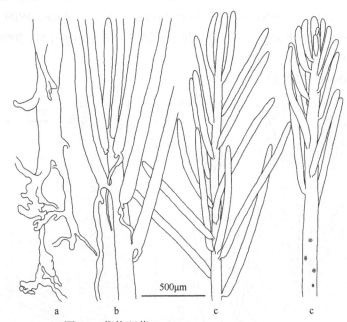

图 94　藓状羽藻 *Bryopsis muscosa* Lamouroux

a. 基部假根；b. 藻体下部，示假根及分枝；c. 藻体上部，示不规则小枝和枝痕。（DNHM87-177）

Figure 94　*Bryopsis muscosa* Lamouroux

a. Rhizoids from the basal part of the thallus; b. Lower part of the thallus showing the rhizoids and branches; c. Upper part of the thallus showing irregular branchlets with their scars.(DNHM87-177)

97. 羽状羽藻

Bryopsis pennata Lamouroux, 1809: 134, pl. 3, fig. 1a-b; Agardh, 1887: 23-24; Taylor, 1950: 51-52; Egerod, 1952: 370, fig. 7; Dawson, 1954: 393, fig. 11b; D.S. Littler et M.M. Littler, 2003: 208; Titlyanova et al., 2012: 460, fig. 30; Ding et al., 2015: 20.

藻体绿色，羽毛状，通常丛生，高 1-2.5cm。主轴下部裸露，直径 240-380μm，上部在一个平面上二歧分枝。羽枝圆柱状，长 650-900μm，直径 75-80（-100）μm，基部缢缩。假根紧密缠结。

模式标本产地：安的列斯群岛。

习性：生长在潮间带下部的岩石上和潮下带上部。

产地：海南（三亚）；日本，韩国，越南，菲律宾，印度尼西亚，马来西亚，泰国，西南亚，非洲，大洋洲，欧洲，美洲等地。

98. 羽藻　图 95；图版 IV: 7

Bryopsis plumosa (Hudson) C. Agardh, 1823: 448; Harvey, 1849: 197; pl. 3; Farlow, 1881'1882': 59, pl. 4, fig.1; Collins, 1909: 403; Børgesen, 1913: 117; 1925: 97; Setchell et Gardner, 1920: 161, pl. 14, figs. 1-2; Grubb, 1932: 214; Tseng et Li, 1935: 205; Okamura, 1936: 91, fig. 47; Taylor, 1937: 98, pl. 7, figs. 1-3; Shen et Fan, 1950: 325; Chiang, 1962: 65; Noda, 1966: 28; 1971: 1452; Tseng, 1983: 280, pl. 139, fig. 2; Hang et Sun, 1983: 21, fig. 30; Zhou et Chen, 1983: 92; Lewis et Norris, 1987: 10; Luan, 1989: 117, fig. 155; Yoshida, 1998: 140; Huang, 1999: 56; Huang, 2000: 87; Tseng et al., 2008: 420; Ding et al., 2015: 208.

Ulva plumosa Hudson, 1778: 571.

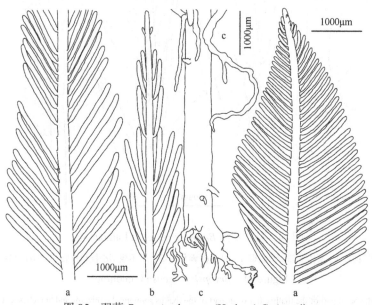

图 95　羽藻 *Bryopsis plumosa* (Hudson) C. Agardh

a. 羽枝；b. 小羽枝；c. 假根。(DNHM98178)

Figure 95　*Bryopsis plumosa* (Hudson) C. Agardh

a. Pinnate branches; b. Pinnate branchlet; c. Rhizoids. (DNHM98178)

藻体黄绿色至深绿色，具有光泽，直立丛生，高 4-8cm，基部由向下生长的假根固着于基质上。假根直径 50-150μm。直立藻体分枝 2-3 次或更多，下部多有主轴。主轴比较粗壮，直径 0.4-1mm，下部裸露不分枝，向上分枝渐细，上部侧生、集生或轮生有不规则的分枝或规则的羽状分枝。下部羽枝较长而上部羽枝较短，分枝和羽枝基部缢缩，分枝在同一个平面上呈宝塔形，在分枝的基部有时生有假根。末端小枝产生于分枝的两侧，规则，呈羽状排列，下部小枝长，上部小枝短，呈塔状披针形或三角形。分枝直径 250-500μm；末端小枝长 500-3500μm，直径（宽）90-200μm，多呈棒状，顶端钝圆。色素体球形或盘状，直径5-7μm。

有性生殖时，小羽枝的基部形成隔壁与主轴隔开，发育成配子囊。雌雄异株，异配生殖。

模式标本产地：英格兰埃克斯茅斯。

习性：生长在潮间带石沼中的蔽光处岩石上。

产地：辽宁（大连、兴城）、河北（秦皇岛）、山东（烟台、威海、青岛）、浙江（浪岗、嵊山、中街山、普陀山、渔山、象山港、韭山、大陈、洞头、南麂、大渔）、福建（厦门）、台湾等地；日本，朝鲜半岛，英国，美国东海岸，澳大利亚，印度尼西亚，印度，马来西亚，新加坡，南非，斯里兰卡。

99. 琉球羽藻　图96

Bryopsis ryukyuensis Yamada, 1934: 59, figs. 27-29; Okamura, 1936: 90; Yoshida, 1998: 141, fig. 1-10F.

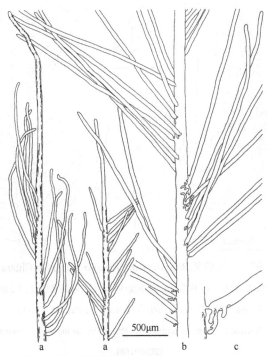

500μm

a　　　　a　　　b　　c

图96　琉球羽藻 *Bryopsis ryukyuensis* Yamada

a. 藻体上部；b. 藻体中部，示小枝和假根；c. 小枝基部，示假根。（DNHM98202）

Figure 96　*Bryopsis ryukyuensis* Yamada

a. Upper part of the thallus; b. Middle part of the thallus showing the branchlets and rhizoids; c. Basal part of the branchlets showing the rhizoids. (DNHM98202)

藻体深绿或褐绿色，具有光泽，柔软稍黏滑，丛生，高8-15cm。基部生有分枝状假根固着于基质上，假根直径30-120μm。直立藻体主轴较明显，多个，主轴下部裸露，上部多分枝。分枝多次，不规则，侧生、偏生或互生，少对生，放射状；小枝多下部长，上部短，密集覆盖于轴枝上，外形呈披针形。藻体由下向上渐细，主轴直径 400-700μm；分枝直径 160-300μm；末端小枝毛状，长 2000-10000μm，直径 36-100μm，基部缢缩成短柄状，有的短柄和枝间生有短的分枝状假根，枝上部常略弯曲，枝端钝圆。

　　模式标本产地：日本冲绳。

　　习性：在低潮线下数米深较平静处，固着于岩石、珊瑚礁、石花菜等基质下。

　　产地：辽宁（大连）；日本（冲绳）。

　　中国新记录种。

100. 三叉羽藻　图 97

Bryopsis triploramosa Kobara et Chihara, 1995: 182, figs. 1-21; Yoshida, 1998: 141.

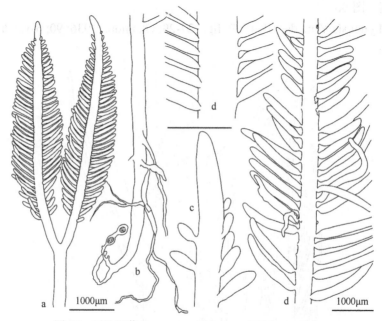

图 97　三叉羽藻 *Bryopsis triploramosa* Kobara et Chiara

a. 叉状羽枝；b. 假根；c. 枝端；d. 部分藻体，示轴、小枝和假根。（20059168）

Figure 97　*Bryopsis triploramosa* Kobara et Chiara

a. Dichotomous pinnate branch; b. Rhizoids; c. Ramular terminus; d. Part of the thallus showing pinnate axis, branchlet and rhizoids.

(20059168)

　　藻体深绿色至淡绿色，具有色泽，细弱丛生，高 5-8cm。假根发达，生于藻体下部，少数生于分枝基部，也有的是从下部小枝转化而成，多不分枝，少数分枝，它们之间经常相互纠缠附着于基质上。直立藻体分枝 2-3 次或更多次，主枝常常裸露少分枝或不分枝，上部羽枝多二叉或三叉分歧，分枝呈羽状。末端小枝生于主轴两侧，小羽枝外形呈羽状披针形，下部有长柄。藻体各处粗细差异较小，主枝直径 200-300μm，小羽枝直径 200-300μm，末端小枝长 500-1100μm，宽 90-140μm，有少数末端小枝到一定时期可生长发育成新的小羽枝。叶绿体椭圆形，含有淀粉核。

　　雌雄异株。孢子体匍匐丝状。

模式标本产地：日本冲绳。

习性：在低潮带石沼中固着于岩石上。

产地：海南（乐东）；日本。

中国新记录种。

101. 轮生羽藻

Bryopsis verticillata Noda, 1966: 29; 1971, pl. 19, figs. 3-4.

藻体黄绿色，高 3cm，直立。主轴下部裸露，上部具有分枝，分枝比较简单，几乎相等大小，轮生，多数5条，分枝基部不缢缩。

模式标本产地：中国山东青岛（Noda, 1966: 29）。

习性：生长在低潮带石沼中。

产地：山东（青岛）。中国特有种类。

评述：我们没有采到此种标本。根据野田光藏（1971: 1452）的记载和图转引在此。

毛管藻属 *Trichosolen* Montagne, 1860: 171

[=*Pseudobryopsis* Berthold in Oltmanns, 1904: 304, 306]

藻体直立，主轴明显。主轴侧面多生羽状小枝，小枝通常与主轴间有隔壁。配子囊卵形，着生于小羽枝近基部侧面，有横隔壁与小枝隔开。

模式种：*Trichosolen antiillarum* Montagne。

102. 海南毛管藻　图 98

Trichosolen hainanensis (Tseng) Taylor, 1962b: 61; Yoshida, 1998: 142; Ding et al., 2015: 208.

Pseudobryopsis hainanensis Tseng, 1936a: 171, figs. 27-28; Tseng, 1983: 280, pl. 139, fig. 3.

藻体绿色，直立簇生，矮小，高 2.2cm，基部生有多假根固着于基质上。主轴明显，不分枝，偶见在藻体中上部呈叉状分枝。藻体由下向上渐细，直径 100-500μm，小枝亚圆柱状，细弱不分枝，密集不规则呈束或单个在主轴侧面呈放射状排列，通常下部小枝长，上部小枝短，基部膨胀，向上渐细，长 1.2cm，直径 18-36μm。色素体椭圆形，宽 2-3μm，具有多个淀粉核。

配子囊在小枝下部的侧面产生，倒卵形或球形，下部具短柄，顶端具有刺状突起，长 52-78μm。

雌雄异株，异配生殖。

模式标本产地：中国海南文昌。

习性：在潮间带附着于红树树干上。

产地：海南（文昌）；日本，澳大利亚。

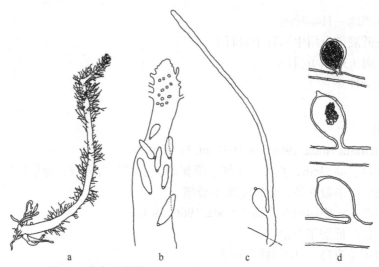

图 98　海南毛管藻 *Trichosolen hainanensis* (Tseng) Taylor

a. 藻体外形；b. 主轴上部，示小枝；c. 有精子囊的小枝；d. 精子囊。（引自 Tseng, 1936a）

Figure 98　*Trichosolen hainanensis* (Tseng) Taylor

a. Thallus; b. Upper part of the axis showing branchlets; c. Branchlet with the gametangium; d. Gametangia. (Cited from Tseng,

1936a)

德氏藻科 Derbesiaceae Hauck, 1884: 421, 475

异型世代交替。孢子体为分枝的丝状体，孢子囊产生于分枝的侧面，由隔膜与分枝隔开，成熟放散多鞭毛的游动孢子。配子体通常为卵形囊状，高 5-10mm，具柄或否，基部常具有假根伸入基质或附着于基质上。叶绿体颗粒状，淀粉核有或无。雌雄异株，异配生殖。

模式属：德氏藻属 *Derbesia* Solier。

德氏藻科分属检索表

1. 孢子体具有分枝，比较细，丝状，配子体卵形，囊状 ······························**德氏藻属** *Derbesia*
1. 只有孢子体，直立，无分隔，棍棒状，基部匍匐丝体的细胞壁钙化 ···············**佩氏藻属** *Pedobesia*

德氏藻属 *Derbesia* Solier, 1846: 452

藻体为管状或囊状的多核体，分枝或不分枝，固着于基质上或插入基质中生长。叶绿体纺锤形或小盘状，淀粉核有或无，具有许多小细胞核。孢子体为分枝的丝状体，配子体为球形或卵形的囊状体。

孢子囊产生于孢子体分枝侧面，卵形或洋梨形，基部具有厚壁与分枝隔开，内生多鞭毛的游动孢子。配子囊产生于配子体内，配子具有 2 根鞭毛。雌雄异株，异配生殖。

模式种：海生德氏藻 *D. marina* (Lyngbye) Solier。

德氏藻属分种检索表

1. 藻体丛生，高 1-1.5cm，枝径（25-）31-50μm ································ **海生德氏藻 *Derbesia marina***
1. 藻体多呈半球状丛生，高 0.5-1cm，枝径 80-300μm ························ **假根德氏藻 *D. rhizophora***

103. 海生德氏藻

Derbesia marina (Lyngbye) Solier, 1846: 453; Setchell et Gardner, 1920: 165; Smith, 1944: 71; Taylor, 1960: 128; Abbott et Hollenberg, 1976: 115, fig. 73(left), fig. 75(above right); Kobara et Chihara, 1980: 214, figs. 1-13; Womersley, 1984: 288, figs. 98c-g,99A; Silva et al., 1987: 104; Yoshida, 1998: 144.

Vaucheria marina Lyngbye, 1819: 79, pl. 22, fig. A.

Halicysts ovalis (Lyngbye) Areschoug, 1850: 447; Kornmann, 1938: 464.

孢子体深绿色，丛生，较小，高 1-1.5cm，基部具有不规则的无色的假根状分枝。直立藻丝直径（25-）31-50μm，分枝不紧密，圆柱形，在分枝基部有时有 2 个隔膜，细胞壁厚 1-2μm。叶绿体聚生，缺乏淀粉核。孢子囊倒卵形、倒梨形，长 141-152μm，宽 86-94μm，侧生在分枝上，孢子囊基部产生横壁，与分枝隔开。

雌雄异株，异配生殖。配子体卵圆形，长（3-）5-10mm，生于皮壳状珊瑚藻体上。叶绿体圆形至双凸透镜状，缺乏淀粉核。

模式标本产地：丹麦法罗群岛。

习性：生长在低潮带覆沙的礁石上。

产地：海南（西沙群岛东岛）；日本（北海道、本州），朝鲜半岛，菲律宾，澳大利亚，北太平洋，北大西洋。

评述：Kornmann（1938）最早指出卵形海囊藻 *Halicystis ovalis*（Lyngbye）Areschoug 和海生德氏藻是生活史中的不同阶段，因此后继者把前者作为后者的同物异名处理。海生德氏藻的外形也与极细德氏藻很相似。但是，前者藻丝较细，直径不到 50μm，分枝基部具有两横隔壁，孢子囊长 141-152μm，而后者的藻丝直径较粗，直径 50-80μm，分枝基部没有横隔壁，孢子囊较长，长（160-）200-300（-400）μm，海生德氏藻的藻丝直径和德氏藻的大小很相似,但是后者的分枝基部没有隔壁,孢子囊也较长,长 190-300μm。

104. 假根德氏藻　图 99

Derbesia rhizophora Yamada, 1961: 123, fig. 2; Yoshida, 1998: 144, fig. 1-10D.

藻体深绿色，多呈小的半球状丛生，高 0.5-1cm，在藻体中下部生有很多假根固着于基质上。假根丝状，有的相互纠缠，直径 60-160μm。直立藻体具有密集分枝。分枝不规则，叉状、三叉状或侧生，2-4 次分枝，枝间无隔，粗细不均匀，多弯曲，线状，由下向上渐细，主枝直径 180-300μm，分枝直径 80-140μm。

孢子囊多生于小枝的顶端或侧面，亦有生于分枝的侧面，偶见生于假根上，形态多变化，囊状、倒卵形或洋梨形等，基部具有尾状的柄或无柄。游动孢子具多鞭毛。配子囊不明。

模式标本产地：日本爱媛县。

习性：在中潮带石沼中或礁平台，成片生长，半球状丛生，生长于冬季，孢子囊成熟于 1-2 月。

产地：海南（乐东莺歌海）；日本。

中国新记录种。

图 99　假根德氏藻 *Derbesia rhizophora* Yamada

a. 枝端；b. 部分藻体，示分枝、假根和孢子囊；c. 下部假根；d. 中部假根；e. 孢子囊。（20092068）

Figure 99　*Derbesia rhizophora* Yamada

a. Ramular terminus; b. Part of the thallus showing branches, rhizoids and sporangia; c. Rhizoids from the lower part of the thallus; d.

Rhizoids from the middle part of the thallus; e. Sporangia. (20092068)

佩氏藻属 *Pedobesia* MacRaild et Womersley, 1974: 91

藻体有 3 种类型组成：①具同心环的钙化小盘状型；②非钙化、分枝、伸展的管状型；③浓密丛生的非钙化直立的棒状管状型。小盘状体直径不小于 1400μm，表面有成排的圆形至倒卵形孔，壁钙化；次生盘状体由藻体较老部分过度生长形成的多层硬皮壳结构。管状体由盘状体的边缘发育而来。缺乏淀粉核。通过断片或多鞭毛的游动孢子进行无性繁殖。有性繁殖不明。

模式种：*Pedobesia claviformis* (J. Agardh) MacRaild et Womersley。

105. 琉球佩氏藻　图 100

Pedobesia ryukyuensis (Yamada et Tanaka) Kobara et Chihara, 1984: 157, figs. 25-37; Silva et al., 1987: 104; 1996: 811; Yoshida, 1998: 146; Titlyanova et al., 2012: 462, fig. 32; Ding et al., 2015: 208.

Derbesia ryukyuensis Yamada et Tanaka, 1938: 64, fig. 5; Zhou et Chen, 1965: 3; 1983: 93.

Derbesia longifructa Taylor, 1945: 74, pl. I, figs. 3-6.

藻体墨绿色，由直立枝和匍匐枝两部分组成。直立枝高 3-10mm，单条，管状，稀少二叉分枝或侧生分枝，直径 35-50μm，向顶渐狭，顶端钝圆，没有隔膜。游动孢子囊多数椭圆形、倒卵形，个别梨形，顶端圆形或截形，大小为 115-154μm×60-86μm；具有短柄，长 20-26μm，直径 14-20μm，在直立枝的中上部产生，偏生于一侧。

模式标本产地：日本与那国岛。

习性：生长在潮间带至低潮带岩石上。

产地：福建（平潭）、海南（邻昌礁）；日本，菲律宾，南非。

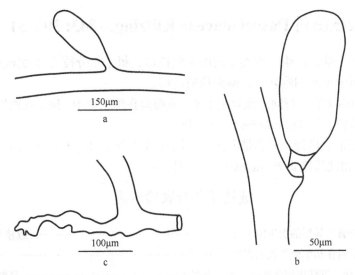

图 100　琉球佩氏藻 *Pedobesia ryukyuensis* (Yamada et Tanaka) Kobara et Chihara

a. 部分藻体，示侧生孢子囊；b. 孢子囊，含单栓塞；c. 基部假根。（引自 Titlyanova et al., 2012）

Figure 100　*Pedobesia ryukyuensis* (Yamada et Tanaka) Kobara et Chihara

a. Fragment of thallus with lateral sporangium; b. Sporangium with single plug; c. Basal portion with rhizoids.(Cited from Titlyanova et al., 2012)

评述：本种和拉氏佩氏藻 *Pedobesia lamourouxii*（J. Agardh）Feldmann et al. 相似，它们的主要不同在于前者直立枝的藻丝比较细，直径 35-50μm，孢子囊椭圆形或倒卵形，而后者直立枝的藻丝比较粗，直径 200-500μm，孢子囊球形。

我们没有采到这个种的标本。而周贞英和陈灼华（1965）在《平潭岛海藻调查报告》一文中，只列出此种的名录，没有相关描述和图片。因此，我们根据 Yamada 和 Tanaka（1938：64）的描述和图转引而来。

绒枝藻目 DASYCLADALES Pascher, 1931: 328

藻体多核，辐射对称，具有一个直立主轴及侧生的轮生分枝（轮枝盘）。轮生侧分枝较简单，二次或多次分枝。游离或末端小枝侧面联合，形成一个外皮层。营养藻体在假根基部首先形成一个大的核，在形成子囊之前变成多核。细胞壁由甘露聚糖组成。叶绿体比较小，缺乏淀粉核。在子囊内形成同型配子或异型配子，或游离在侧枝或类似配子囊辐枝上的配子囊内。

模式科：绒枝藻科 Dasycladaceae Kützing。

中国绒枝藻目共有 2 科 5 属 16 种。

绒枝藻目分科检索表

1. 主轴产生仅有一种类型的轮枝盘···**绒枝藻科 Dasycladaceae**
1. 主轴产生两种类型的轮枝盘，交互或具有细小的几个轮枝盘，无色的毛状侧枝和绿色配子囊辐枝的单一顶生轮枝盘···**伞藻科 Acetabulariaceae**

绒枝藻科 Dasycladaceae Kützing, 1843: 302, 312

藻体有一个主轴，产生一种类型的侧生轮枝盘，每个轮分枝 2-3 次或更多的分枝，游离或在一些属中顶端细胞联合，侧面形成皮层。

繁殖方式为由子囊进行同配或异配生殖，或游离在配子囊中，顶端或侧生在侧枝内部。

模式属：绒枝藻属 *Dasycladus* C. Agardh。

本科广泛分布于热带、亚热带海区。中国有 3 个属，即绒枝藻属 *Dasycladus*、环蠕藻属 *Neomeris* 和轴球藻属 *Bornetella*，共 9 种。

绒枝藻科分属检索表

1. 藻体钙化，配子囊为异形的次生侧生长···**绒枝藻属 *Dasycladus***
1. 藻体钙化，配子囊在初生侧生长上产生···2
  2. 藻体重度钙化，下部皮层常破裂，配子囊露出·····································**环蠕藻属 *Neomeris***
  2. 藻体轻度钙化，下部皮层完整，围住配子囊·····································**轴球藻属 *Bornetella***

轴球藻属 *Bornetella* Munier-Chalmas, 1877: 818 (adnot.)

藻体由亚球形、卵形至棍棒状的单细胞组成，轻度钙化。退化的中央管轴明显存在，绿色皮层稍突出于钙化层。叶绿体侧壁生，多数，盘状，缺乏淀粉核。配子囊生于初生分枝侧面，形成单核囊胞，囊胞产生双鞭毛配子。

模式种：轴球藻 *Bornetella nitida* Munier-Chalmas ex Sonder。

轴球藻属分种检索表

1. 藻体球形、亚球形或长圆形···2
1. 藻体亚圆柱形或棍棒形···3
  2. 配子囊近球形···**球形轴球藻 *Bornetella sphaerica***
  2. 配子囊呈卵形或长圆形···**头状轴球藻 *B. capitata***
3. 每条初生分枝上产生 1-2 个配子囊·····································**轴球藻 *B. nitida***

106. 头状轴球藻　图 101

Bornetella capitata (Harvey ex Wright) J. Agardh, 1887: 156; Cramer, 1887: 18, fig. 249e;
1890: 30; De Toni, 1889: 415; Arnoldi, 1912: 91, figs. 6-9; Weber-van Bosse, 1913: 90;
Gilbert, 1943: 23, fig. 1c-d; Valet, 1968: 53; Dong et Tseng, 1985: 4, fig. 2.

Neomeris capitata Harvey ex Wright, 1879: 439.

Bornetella capitata f. *brevistylis* Arnoldi, 1912: 91.

藻体轻度钙化，灰绿色，球形或亚球形，长 1.0-2.0mm，直径 0.6- 0.7cm。中轴有 7-14
轮初生分枝，每轮初生分枝有 15-30 条，初生分枝长 100-150μm，宽 70-85μm，其上有
4-6 个短的头状次生分枝，顶端膨大。皮层表面观直径 116-182μm，呈六角形。藻体成熟
时，每条初生分枝侧面生有 3-4 个卵形或长圆形的配子囊。

模式标本产地：汤加群岛。

习性：生长在低潮带岩石上。

产地：海南（三亚马岭、红塘）；印度尼西亚，汤加群岛，新喀里多尼亚，澳大利亚，
斐济。

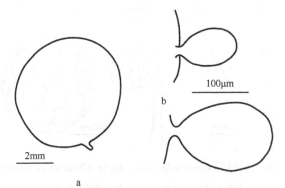

图 101　头状轴球藻 *Bornetella capitata* (Harvey ex Wright) J. Agardh

a. 藻体外形；b. 未成熟的配子囊

Figure 101　*Bornetella capitata* (Harvey ex Wright) J. Agardh

a. Thallus; b. Immature gametangia

107. 轴球藻　图 102

Bornetella nitida Munier-Chalmas ex Sonder, 1880: 39; Weber-van Bosse, 1913: 89; Børgesen,
1946: 32; Taylor, 1966: 347; Trono, 1968: 191; Fan et al., 1975: 48; Sartoni, 1976: 125;
Baluswami et al., 1982: 99, figs. 1-8; Tseng, 1983: 266, pl. 132, fig. 1; Dong et Tseng,
1985: 3, fig. 1; Bonotto, 1988: 72; Coppejans et Prud'Homme van Reine, 1989: 125; 1992:
178; Lu et al., 1991: 3; Yoshida, 1998: 148; Ding et al., 2015: 208.

藻体灰绿色，轻度钙化，单生，高达 2.5cm，亚圆柱形或棍棒状，有时稍弯曲，轴上
每个轮枝盘长有 22-30 条轮生初生分枝。初生分枝长 400-650μm，宽 42-50μm，上端有
4-6 个头状的次生分枝。次生分枝侧面互相粘连，形成单层细胞的皮层，表面观呈六角形。

每条初生分枝上生有 1-2 个配子囊。配子囊球形或倒卵形，直径 150-165μm，每个配子囊内含有 7-24 个子囊，子囊卵形或球形，直径 50-100μm。

模式标本产地：汤加群岛。

习性：生长在环礁内珊瑚石上或死珊瑚枝上。

产地：台湾、广东、海南（西沙群岛、南沙群岛）；日本，印度尼西亚，菲律宾，越南，印度，汤加群岛，新喀里多尼亚，加罗林群岛，斐济，马里亚纳群岛，毛里求斯，索马里，南非，帕劳。

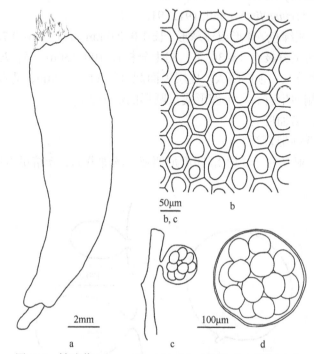

图 102　轴球藻 *Bornetella nitida* Munier-Chalmas ex Sonder

a. 藻体外形；b. 脱钙后皮层表面观；c. 着生配子囊的初生分枝；d. 1 个配子囊

Figure 102　*Bornetella nitida* Munier-Chalmas ex Sonder

a. Thallus; b. Surface view of the cortex after decalcification; c. Primary branch bearing gametangium; d. A gametangium

108. 寡囊轴球藻　图 103

Bornetella oligospora Solms-Laubach, 1892: 87, pl. IX, figs. 1-4, 6-7; Arnoldi, 1912: 86, figs. 1-5; Weber-van Bosse, 1913: 89; Gilbert, 1943: 26, fig. 1g-i; Pham-Hoàng, 1969:460, figs. 4, 67; Trono et Young, 1977: 57; Tseng, 1983: 266, pl. 132, fig. 2; Dong et Tseng, 1985: 7, fig. 4; Yoshida, 1998: 149; Liu, 2008: 282; Titlyanov et al., 2011: 526; Ding et al., 2015: 208.

藻体灰绿色，有时褐绿色，单生，轻度钙化，高达 3cm，亚圆柱形或棍棒状，有时略弯曲，每个轮枝盘产生 25-32 条初生分枝。初生分枝长 665-1095μm，宽 50-90μm，顶端略宽，达 132μm，顶端长出 3-6 个头状次生分枝。次生分枝略短，顶端略膨大，侧面互相黏合，形成单层细胞的皮层，表面观多数呈六角形。初生分枝侧面长出 4-6（-9）个球形配子囊；成熟时，每个配子囊通常有 7-14 个椭圆形的子囊。

模式标本产地：印度尼西亚望加锡。

习性：生长在中潮带下部和低潮带礁石或死珊瑚枝上。

产地：广西（涠洲岛）、海南（三亚）；日本，印度尼西亚，菲律宾，越南，新加坡，加罗林群岛，斐济，马里亚纳群岛，坦桑尼亚，澳大利亚。

评述：本种在外形上与轴球藻 *B. nitida* Munier-Chalmas ex Sonder 非常相似，只有通过内部解剖，才能将它们分开。藻体成熟时，寡囊轴球藻每一个初生分枝上具有 4 个以上的配子囊，配子囊比较小，直径 120-150μm，每个配子囊产生 7-14 个子囊；而轴球藻每个初生分枝只产生 1-2 个配子囊，配子囊比较大，直径 150-165μm，每个配子囊产生 8-60 个子囊。它们皮层表面观的直径亦不相同，寡囊轴球藻的皮层表面观直径比较大，30-58μm，而轴球藻的皮层表面观直径比较小，10-25μm。

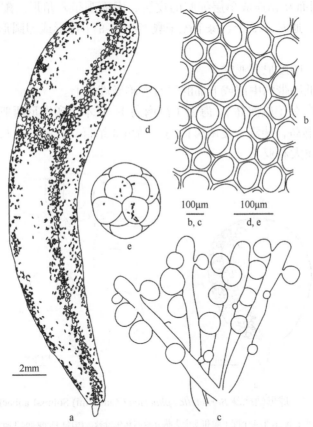

图 103 寡囊轴球藻 *Bornetella oligospora* Solms-Laubach

a. 藻体的外部形态；b. 皮层的表面观；c. 初生分枝产生的配子囊；d. 子囊；e. 配子囊

Figure 103 *Bornetella oligospora* Solms-Laubach

a. Thallus; b. Surface view of the cortex after decalcification; c. Gametangia born on the primary branches; d. Cyst; e. Gametangium

109. 球形轴球藻　图 104

Bornetella sphaerica (Zanardini) Solms-Laubach, 1892: 80, pl. IX, fig. 8; Weber-van Bosse,

1913: 90; Gilbert, 1943: 22, fig. 1a-b; Egerod, 1952: 407, pl. 42, fig. 22d-g; Pham-Hoàng, 1969: 461, figs. 4, 68; Tseng, 1983: 266, pl. 132, fig. 3; Dong et Tseng, 1985: 5, fig. 3; Lewis et Norris, 1987: 11; Yoshida, 1998: 149; Liu, 2008: 282; Titlyanov et al., 2011: 526；Ding et al., 2015: 208.

Neomeris sphaerica Zanardini, 1878: 38

Bornetella ovalis Yamada, 1933: 277; 1934: 51, figs. 14-15; Okamura, 1936: 80, fig. 42.

Bornetella capitata J. Agardh sensu Okamura, 1908: 225, pl. 44, figs. 1-10.

Bornetilla ovalis Yamada (sensu Okamura), 1933: 277.

藻体灰绿色或绿色，轻度钙化，球形或亚球形，直径达 1cm，柄比较短，长 1-2mm。每个轮枝盘有初生分枝 10-25 条，初生分枝中部宽 90-133μm，在分枝顶端可达 207μm。在初生分枝顶端有 4-7 个头状次生分枝，分枝扁平，顶端膨大，宽达（166-）282-315（-365）μm，其侧面互相连成单层细胞的皮层，表面观呈六角形。配子囊球形，着生在初生分枝的侧面，通常 3-5 个，每个配子囊产生 2-8 个球形或卵圆形子囊，子囊直径 80-130μm。

模式标本产地：印度尼西亚索龙。

习性：生长在低潮带的中部或下部的岩石或碎珊瑚枝上。

产地：台湾、广东（硇洲岛）、海南（海南岛）；日本，印度尼西亚，菲律宾，新加坡，越南，加罗林群岛，斐济，夏威夷群岛，马里亚纳群岛，帕劳，马达加斯加，毛里求斯，坦桑尼亚，澳大利亚。

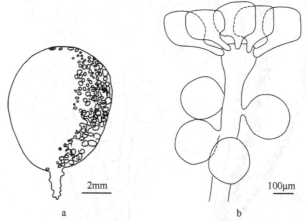

图 104　球形轴球藻 *Bornetella sphaerica* (Zanardini) Solms-Laubach

a. 藻体的外形；b. 着生 4 个配子囊和 5 个头状分枝的初生分枝。(引自 Dong and Tseng, 1985)

Figure 104　*Bornetella sphaerica* (Zanardini) Solms-Laubach

a. Thallus; b. Four gametangia and five capitate branches from the primary branch. (Cited from Dong and Tseng, 1985)

绒枝藻属 *Dasycladus* C. Agardh, 1828: 15

藻体高 3-6cm，由不分枝的单列细胞组成，假根致密，柄上产生紧密排列的约 12 个二歧至三歧轮生侧生长分枝。侧生长分枝基部钙化。叶绿体侧壁生，多数，盘状。配子囊为一个异形的次生侧生长，单生，深绿色。分布于热带至暖温带，如澳大利亚、加勒比海和地中海等地的珊瑚、红树林池沼等浅水区的硬质基质上。

模式种：蠕形绒枝藻 *Dasycladus vermicularis* (Scopoli) Krasser。

110. 蠕形绒枝藻　图 105

Dasycladus vermicularis (Scopoli) Krasser in Beck et Zahlbruckner, 1898: 459, fig. 8; Huang et Lu, 2006: 279, figs. 1-2.

Spongia vermicularis Scopoli, 1772: 412, pl. 64, fig. 1454

Conferva clavaeformis Roth, 1806: 315

Fucus vermicularis (Scopoli) Bertoloni, 1819: 308, nom. illeg.

Dasycladus clavaeformis (Roth) C. Agardh, 1828: 16, nom. illeg.

藻体橄榄绿色，棒状，不分枝，直立且稍弯曲，高 2-4cm，直径 4-5mm，海绵状且稍钙化。横切面观，从钙化的中轴产生轮生的细胞分枝，分枝可达 3 级。中轴细胞直径 500-900μm，被 10-12 个轮生的三歧（或二歧）侧分枝紧密包裹。

习性：在潮间带上部珊瑚礁上或浅水潮池中簇生。

产地：台湾（屏东）；日本，菲律宾，以色列，塞浦路斯，土耳其，非洲，欧洲，美洲，大西洋岛屿等地。广泛分布于热带至温带海域。

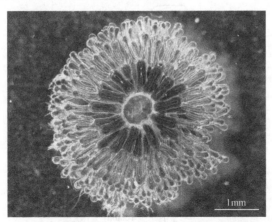

图 105　蠕形绒枝藻 *Dasycladus vermicularis* (Scopoli) Krasser

分枝横切面（引自 Huang and Lu, 2006)

Figure 105　*Dasycladus vermicularis* (Scopoli) Krasser

Transverse section of the branch（Cited from Huang and Lu, 2006)

环蠕藻属 *Neomeris* Lamouroux, 1816: 241

藻体比较小，高 1-2.5cm，一般群生，棍棒状、纺锤形或亚圆柱形，多少钙化，具有直立到顶的主轴和一串明亮的绿色丝体（分枝），具端部丛生毛和钙化的环状分割带。藻体成熟部分产生短的末端轮生小枝盘。每一个末端小枝由基部细胞着生于末端小枝的轮盘上，具单列的毛。叶绿体侧壁生，盘状，缺乏淀粉核。配子囊单生，着生在位于次生轮枝盘细胞之间的初生分枝顶端，每个配子囊含有 1 个较大的子囊。

模式种：*Neomeris dumetosa* Lamouroux。

<h1 style="text-align:center">环蠕藻属分种检索表</h1>

1. 配子囊靠钙化互相粘连成环状至围绕藻体 ··· **环蠕藻** *Neomeris annulata*
1. 配子囊的侧面不互相粘连，成熟时分散 ·· 2
  2. 初生分枝长度超过 600μm，顶端呈三齿状 ·································· **范氏环蠕藻** *N. vanbosseae*
  2. 初生分枝长度不超过 600μm，顶端不呈三齿状 ··3
3. 初生分枝顶端有厚盘状突起 ··· **双边环蠕藻** *N. bilimbata*
3. 初生分枝顶端有圆锥形突起 ··· **粘环蠕藻** *N. mucosa*

111. 环蠕藻　图 106；图版 I: 7

Neomeris annulata Dickie, 1874: 198; Howe, 1909: 87, pl. 1, fig. 2; Weber-van Bosse, 1913: 88; Yamada, 1934: 51, fig. 16-17; Tseng, 1936a: 158, fig.19; Egerod, 1952: 400, pl. 40, figs. 21a-l, 22a-c; Pham-Hoàng, 1969: 463, figs. 4, 69; Tseng et Dong, 1978: 46; Tseng, 1983: 266, pl. 132, fig. 4; Dong et Tseng, 1985: 7, fig. 5, pl. 1, fig. 2; Lewis et Norris, 1987: 11; Liu, 2008: 282; Titlyanov et al., 2011: 526; Ding et al., 2015: 208.

Neomeris kelleri Cramer, 1887: 3, pl. 1, pl. 2, figs. 1-12, pl. 3, figs. 1-3.

100μm

图 106　环蠕藻 *Neomeris annulata* Dickie

1 个初生分枝，示其上的 1 个配子囊和 2 个次生分枝

Figure 106　*Neomeris annulata* Dickie

A primary branch with a gametangium and two secondary branches

　　藻体群居或分散，单生，下部重度钙化，顶端绿色，高达 3.8cm，丝体呈簇并形成长 200-300μm、宽 16μm（中间部位）的螺纹状初生分枝，可脱落。每个初生分枝顶端产生 1 个具柄的配子囊和 2 个成对的次生分枝。次生分枝顶端呈头状，其侧面互相粘连，形成皮层。每条初生分枝顶端的毛早脱落。配子囊倒卵形或长圆形，长约 100-190μm，宽 60-100μm，重钙化，常常由 4-10 个或更多个配子囊的侧面相粘连，在藻体下部形成长短不一的横列；每个配子囊产生 1 个子囊，具柄，附着在不连续的环带上，外部具有钙质鞘包被。

模式标本产地：毛里求斯。

习性：生长在低潮带和潮下带约 5m 深的珊瑚礁上或死珊瑚上。

产地：台湾、广西（涠洲岛）、海南（海南岛、西沙群岛）；太平洋，印度洋、大西洋热带和亚热带海域。

评述：环蠕藻与柯氏蠕藻 *N. cokeri* Howe 在外形上很相似，但这两个种之间的不同主要体现在次生分枝外形上，环蠕藻的次生分枝顶端头状，而柯氏蠕藻的次生分枝纺锤形，其次环蠕藻的配子囊在藻体下部由 4-10 个或更多配子囊相连成横列，而柯氏蠕藻则由 2-8 个相连成横列。

112. 双边环蠕藻　图 107

Neomeris bilimbata Koster, 1937: 221, pl. XV, figs. 1, 4, 5; Tseng, 1983: 268, pl. 133, fig. 1; Dong et Tseng, 1985: 9, fig. 7, pl. I, fig. 3; Lu et al., 1991: 3; Yoshida, 1998: 153; Liu, 2008: 282; Ding et al., 2015: 209.

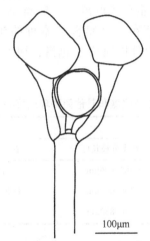

图 107　双边环蠕藻 *Neomeris bilimbata* Koster

1 个初生分枝，示其上 1 个具柄的配子囊和 2 个次生分枝

Figure 107　*Neomeris bilimbata* Koster

A primary branch with one petiolate gametangium and two secondary branches

藻体下部重度钙化，越向上部越轻，顶端绿色，通常密集丛生，高 2-3cm，圆柱形，从一个直立主轴上产生连续的轮生分枝盘。每个轮盘有 28-42 个初生分枝。初生分枝长 400-600μm，宽 30-50μm，顶端圆形或略扁平，每个初生分枝顶端产生 1 个具柄的配子囊和 2 个成对生长的次生分枝。配子囊亚球形或椭圆形，长 120-130μm，宽 90-110μm，重度钙化，但独立生长，每个配子囊产生 1 个子囊，在囊柄的基部具有 1 个黑色的盘状体。

模式标本产地：中国南沙群岛的太平岛。

习性：生长在潮间带的岩石上或死珊瑚枝上。

产地：海南（西沙群岛、南沙群岛）；日本，越南，印度尼西亚，菲律宾，新加坡，波利尼西亚，加罗林群岛，马绍尔群岛，希腊（罗得岛），塞舌尔，澳大利亚。

113. 粘环蠕藻　图 108

Neomeris mucosa Howe, 1909: 84-87, pl. 1, fig. 5, pl. 5, figs. 1-14; Dong et Tseng, 1985: 9, fig. 8.

藻体下部重钙化，越向上部钙化越轻，顶端绿色，通常丛生，高约 1 cm，亚圆柱形或亚纺锤形，具有 1 个直立主轴，从其上产生连续的轮生分枝盘。每个轮盘有 20-32 个初生分枝。初生分枝长 265-400μm，宽 50-100μm，顶端近圆形，每个初生分枝顶端产生 1 个具柄的配子囊和 2 个成对的次生分枝。配子囊亚球形或倒卵形，长 140-160μm，宽 100-120μm，重度钙化，但游离生长，每个配子囊产生 1 个子囊，在囊柄的基部具有 1 个尖的突起物。

模式标本产地：巴哈马群岛。

习性：生长在中潮带的礁石上。

产地：海南（海南岛、西沙群岛）；日本，加罗林群岛，斐济，马尔代夫，巴哈马群岛，古巴，安的列斯群岛等地。

评述：在配子囊方面，本种非常接近范氏环蠕藻 N. vanbosseae 和双边环蠕藻 N. bilimbata（表 2），但本种不同于范氏环蠕藻，本种的初生分枝顶端近圆形，长度为 265-400μm，而范氏环蠕藻的初生分枝顶端 3 锯齿，初生分枝长 660-850μm，次生分枝长 400-600μm。

表 2　粘环蠕藻和其他两种环蠕藻的比较

种类	特征		
	初生分枝长度	初生分枝顶端	配子囊柄基部
粘环蠕藻 Neomeris mucosa	265-400μm	近圆形	具有圆锥状突起
双边环蠕藻 N. bilimbata	400-600μm	圆形或略扁平	具有厚盘状突起
范氏环蠕藻 N. vanbosseae	600-850μm	三齿状	略扁平

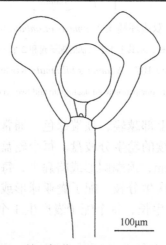

100μm

图 108　粘环蠕藻 *Neomeris mucosa* Howe

1 个初生分枝，示 1 个配子囊和 2 个次生分枝

Figure 108　*Neomeris mucosa* Howe

A primary branch with one gametangium and two secondary branches

114. 范氏环蠕藻 图 109

Neomeris vanbosseae Howe, 1909: 80, pl. 1, figs. 4, 7, pl. 5, figs. 17-19 (as 'van-bosseae');
　　Tanaka, 1956: 105, fig. 3, pl. 1c; Pham-Hoàng, 1969: 464, figs. 4, 71; Jiang, 1982: 282;
　　Tseng, 1983: 268, pl. 133, fig. 2; Dong et Tseng, 1985: 8, fig, 6, pl. I, fig. 1; Lu et al., 1991:
　　3, Yoshida, 1998: 153; Liu, 2008: 282; Ding et al., 2015: 209.

Neomeris dumetosa Sonder, 1871, pl. 5, figs. 8-13.

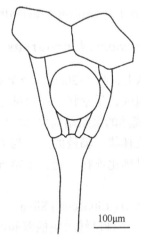

100μm

图 109　范氏环蠕藻 *Neomeris vanbosseae* Howe

1 个初生分枝，示其上长出的 1 个具柄配子囊和 2 次生分枝

Figure 109　*Neomeris vanbosseae* Howe

A primary branch with one petiolate gametangium and two secondary branches

　　藻体下部重度钙化呈白色，越向上部越轻，顶端绿色，通常丛生，高 2-4cm，亚圆柱形，具有 1 个直立的单轴，从其上产生连续的轮生分枝盘。每个轮盘具有 30-38 个初生分枝。初生分枝长 660-850μm，宽 33-50μm，顶端多少呈三棱形锯齿状，顶端产生具柄的配子囊和 2 个成对的次生分枝。配子囊亚球形或倒卵形，长 150-174μm，宽 141-149 μm，每个配子囊产生 1 个子囊，重度钙化，独立生长，有时产生小柄。

　　模式标本产地：印度尼西亚弗洛勒斯岛的 Sikka。

　　习性：生长在潮间带岩石或石块上，有时生长在低潮带有沙的礁石或死珊瑚枝上。

　　产地：海南（海南岛、南沙群岛）；日本，印度尼西亚，菲律宾，新加坡，泰国，越南，太平洋岛屿，印度洋，中美洲。

伞藻科 Polyphysaceae Kützing, 1843: 302, 311

[=Acetabulariaceae Nägeli, 1847: 158, 252]

　　藻体具有两种类型的轮生侧枝，一种是无色、分枝的毛轮，另一种是顶生杯状或簇生绿色棒状的配子囊辐枝，形成配子囊盘。当繁殖体成熟并放散配子后，配子囊辐枝消失。有时无色毛轮和绿色的配子囊辐枝相互交替。存在上下冠之分。上冠在配子囊辐枝的上基部边缘，产生毛或毛痕。下冠存在或否，不产生毛。在配子囊辐枝产生的配子囊中形成配子。

模式属：*Polyphysa* Lamouroux。

中国至今报道 2 个属，即伞藻属 *Acetabularia* 和短柄藻属（新拟名）*Parvocaulis*。

伞藻科分属检索表

1. 藻体繁殖结构含上、下冠，配子囊辐枝侧面融合或通过钙化连在一起 ···············**伞藻属** *Acetabularia*
1. 藻体繁殖结构仅含上冠，缺乏下冠，配子囊辐枝分离或通过钙化连在一起 ······ **短柄藻属** *Parvocaulis*

伞藻属 *Acetabularia* Lamouroux, 1812: 185

藻体单细胞不分枝，单生或丛生，高 1–20cm，轻至重度钙化，由假根、管状柄部、不育侧部轮生环和顶部繁殖结构组成，呈伞状。在顶部生长期间，柄在顶端周期性地形成环状排列的分枝毛（在上冠）。成熟的繁殖结构由 30–75 个分离或连接的末端尖狭或圆形的辐枝组成，形成较浅的盘状或杯状。辐枝的产生与不育侧部的轮生环扩大、上冠和下冠有关。辐枝在侧面融合或通过钙化连在一起。生殖方式由配子囊辐枝产生配子囊，释放同型配子或异型配子。

模式种：*Acetabularia acetabulum* (Linnaeus) Silva。

中国已报道了 10 个种，其中 8 个种已转入短柄藻属或为同物异名，目前伞藻属仅剩 2 个种即伞藻 *Acetabularia calyculus* 和大伞藻 *Acetabularia major*。

伞藻属分种检索表

1. 藻体稍小，高 4cm，丛生，轻微钙化 ··························**伞藻** *Acetabularia calyculus*
1. 藻体大，高 11–13cm，单生，重度钙化 ·······················**大伞藻** *A. major*

115. 伞藻 图 110；图版 I: 8

Acetabularia calyculus Lamouroux in Quoy et Gaimard, 1824: 621, pl. 90, figs. 6-7; Tseng, 1936a: 155, fig. 16; Pham-Hoàng, 1969: 465, figs. 4, 72; Womersley, 1971: 119, fig. 15; Tseng, 1983: 268, pl. 133, fig. 3; Dong et Tseng, 1985: 10, fig. 9, pl. II, fig. 2-4; Liu, 2008: 282; Ding et al., 2015: 209.

Acetabularia subrii Solms-Laubach, 1895: 25, pl. 1, figs. 9, 13.

Acetabularia caraibica sensu Okamura, 1912: 177, pl. 99, figs. 1-9.

藻体浅绿色，丛生，轻微钙化，较小，高达 4cm。柄轻微钙化，较细，硬，顶端着生盘状的配子囊盘。配子囊盘杯形，直径 4–6mm；配子囊辐枝细长，楔形，21–33 条，通常钙化，侧面相互连接，但易分离。每个辐枝的末梢多少有深的顶端凹陷，从顶端到基部扁压。存在上、下冠，表面观椭圆形；上冠具有 2 根毛，前后排列，或者有 3 根毛，三角形排列；下冠大多数长圆形，略弯曲。成熟藻体的每个配子囊辐枝具有 41–116 个球形子囊，直径 116–133μm。

模式标本产地：澳大利亚西部的沙克湾。

习性：生长在低潮带平静处的具有沙粒的碎石上或礁石上或贝壳上。

产地：广东（硇洲岛）、海南（海南岛）；日本，菲律宾，越南等地。广泛分布于热带和亚热带海域。

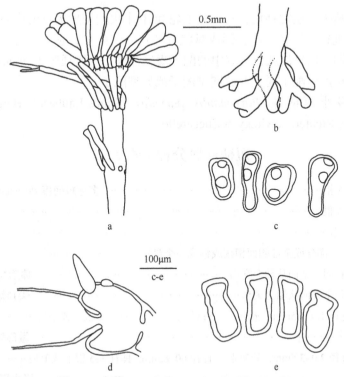

图 110　伞藻 *Acetabularia calyculus* Lamouroux

a. 年幼藻体表示毛和毛痕；b.假根；c. 上冠的顶面观，每条辐枝具有 2 个毛痕；d. 盘的纵切面观，具有 1 根毛和 1 个毛痕的上冠和下冠；e. 下冠

Figure 110　*Acetabularia calyculus* Lamouroux

a. Part of juvenile thallus showing the hairs and hair-scars; b. Rhizoid; c. Apical view of the corona superior with two hair-scars on each gametangial ray; d. Longitudinal section of ray disk showing the corona superior with a hair-scar and a hair and corona inferior; e. Corona inferiors

116. 大伞藻

Acetabularia major G. Martens, 1866: 25, pl. IV, fig. 3; Yamada, 1925: 89; Lewis et Norris, 1987: 11; Berger et al., 2003: 515, figs. 2, 19; Liu, 2008: 282.

Acetabularia gigas Solms-Laubach, 1895: 23; Yamada, 1925: 89; Lewis et Norris, 1987: 11.

藻体单生，较大，高 11-13cm，柄部长 25-30mm，粗 290-300μm，严重钙化。配子囊盘直径可达 3cm，配子囊辐枝可达 77 条或更多。每个配子囊辐枝产生 55-65 个球状子囊，其直径 60-70μm。上冠直径为 380-400μm，具 8-9 个毛痕。

模式标本产地：泰国。

习性：藻体单独固定在较小的石头上。

产地：台湾；印度尼西亚，菲律宾，越南，澳大利亚。

我们没有采集到本种的标本，其内容摘自 Yamada（1925）的描述。

短柄藻属（新拟名）*Parvocaulis* Berger, Fettweiss, Gleissberg, Liddle, Richter, Sawitzky et Zuccarello, 2003: 559

藻体单生或丛生，柄常钙化，具无色毛轮和 1 个由配子囊辐枝组成的轮盘。配子囊辐枝侧面分离或被钙化连在一起，形成盘状或杯状。仅存在上冠，缺乏下冠。在配子囊辐枝轮盘的形成期，柄呈波状，发育中的配子囊轮盘被 1 个胶质膜（velum）包被。生殖方式由配子囊辐枝产生配子囊，释放同型配子或异型配子。

模式种：极小短柄藻 *Parvocaulis parvulus* (Solms-Laubach) Berger, Fettweiss, Gleissberg, Liddle, Richter, Sawitzky et Zuccarello。

短柄藻属分种检索表

1. 每个上冠有毛 6-8 根 ·· 多抱短柄藻 *Parvocaulis myriosporus*
1. 每个上冠有毛 2-5 根 ··· 2
  2. 配子囊辐枝分散 ···3
  2. 配子囊辐枝的一部分或全部侧面相接或粘成一个盘 ···4
3. 配子囊棍棒状，在同一平面从轴上突出 ·· 棒形短柄藻 *P. clavatus*
3. 配子囊梨形，在各个方向从轴上突出 ·· 尖顶短柄藻 *P. exiguus*
  4. 盘比较小，直径 1.0-1.5mm，冠突起，直径 25-33μm，具有 2 根毛或毛痕 ···················
  ··· 微形短柄藻 *P. pusillus*
  4. 盘比较大，直径 2.0-3.5mm，冠突起，直径 60-83μm，具有 3-5 根毛或毛痕 ···················
  ··· 极小短柄藻 *P. parvulus*

117. 棒形短柄藻（新拟名）   图 111

Parvocaulis clavatus (Yamada) Berger, Fettweiss, Gleissberg, Liddle, Richter, Sawitzky et Zuccarello, 2003: 559, figs. 13, 27; Titlyanov et al., 2011: 527; 2015: tab. SI; Titlyanova et al., 2014: 47.

Acetabularia clavata Yamada, 1934: 57-59, figs. 24-25; Okamura, 1936: 36; Egerod, 1952: 413, fig. 23j-k; Trono, 1968: 192; Tseng et Dong, 1978: 47, fig. 4: 2; Trono et al., 1978: 87; Dong et Tseng, 1985: 13, fig.11, pl. I, fig. 4; Yoshida, 1998: 155, fig. 13 N; Liu, 2008: 282; Ding et al., 2015: 209.

Polyphysa clavata (Yamada) Schnetter et Bula Mayer, 1982: 41, pl. 7, figs. a-b.

藻体小，高达 3mm，轻度钙化，柄部单条，较短，有环状皱纹，高达 1-2mm，具有 1 个顶生的配子囊盘。配子囊盘直径 1.0-1.5mm，由 5-9 个配子囊辐枝组成；配子囊辐枝互相分离，间隔较宽，棍棒形至倒卵形，平滑，顶端边缘变圆；表面观上冠圆形或不规则圆形，直径 33-50μm，每个具有 2 根毛或毛痕。没有下冠。当藻体成熟时，每个配子囊辐枝产生 25-46 个球形子囊，其直径 70-85μm。

模式标本产地：日本冲绳。

习性：生长在环礁内低潮带的礁石上或珊瑚枝上，常与小伞藻混杂一起。在平静的环境下，生长于礁石和珊瑚枝的暴露面。在有浪花冲击的环境下，则常在基质的隐蔽处生长。

产地：海南（海南岛、西沙群岛）；日本，菲律宾，越南，泰国，加罗林群岛，斐济，夏威夷群岛，希腊（罗得岛），塞舌尔，肯尼亚，毛里求斯，坦桑尼亚，澳大利亚，智利，哥斯达黎加等地。

评述：本种与尖顶短柄藻 *P. exiguus* 在外形上近似，都是配子囊互相分离的。然而，在配子囊的形状上有很大的区别，本种的配子囊顶端圆，而尖顶短柄藻的顶端尖或圆，但有缢缩。同时，尖顶短柄藻配子囊不规则丛生。因此，通过解剖镜检，可以区分这两种短柄藻。

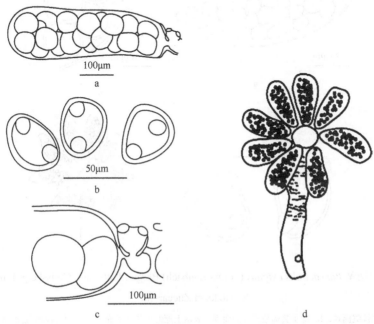

图 111　棒形短柄藻 *Parvocaulis clavatus* (Yamada) Berger, Fettweiss, Gleissberg, Liddle, Richter, Sawitzky et Zuccarello

a. 配子囊辐枝表示上冠和子囊；b. 上冠的顶面观；c. 配子囊辐枝的侧面观，示上冠的形状；d. 成熟藻体

Figure 111　*Parvocaulis clavatus* (Yamada) Berger, Fettweiss, Gleissberg, Liddle, Richter, Sawitzky et Zuccarello

a. Gametangium ray showing the corona superior and the cysts; b. Apical view of the corona superior; c. Lateral view of the gametangial ray showing the shape of the corona superior; d. Mature thallus

118. 尖顶短柄藻（新拟名）　图 112

Parvocaulis exiguus (Solms-Laubach) Berger, Fettweiss, Gleissberg, Liddle, Richter, Sawitzky et Zuccarello, 2003: 559, figs. 14, 28 (as '*exigua*'); Titlyanov et al., 2011: 527; 2015: tab. SI; Titlyanova et al., 2014: 47.

Acetabularia exigua Solms-Laubach, 1895: 28-29, pl. 2, figs. 1, 4; Yamada, 1934: 55; Okamura, 1936: 85; Trono, 1968: 192; 1969: 621, pl. 12, fig. 2, pl. 20, figs. 1, 2, 8, pl. 21, figs. 2, 6, pl. 31, figs. 4-5, pl. 38, figs. 3, 6, pl. 46; Womersley et Bailey, 1970: 284; Trono et al.,

1978: 84, fig. 4b-f; Dong et Tseng, 1985: 14, fig. 12, pl. I, fig. 8; Yoshida, 1998: 155.

Acetabularia tsengiana Egerod, 1952: 414, fig. 23i; Tseng et Dong, 1978: 47, fig. 4: 1; Liu, 2008: 282; Ding et al., 2015: 209.

Polyphysa exigua (Solms-Laubach) Wynne, 1995: 333.

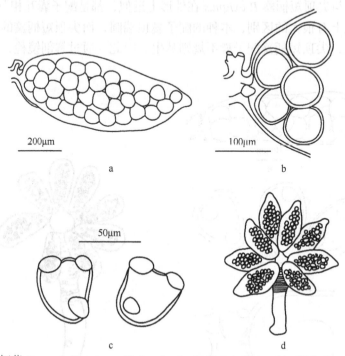

图 112 尖顶短柄藻 *Parvocaulis exiguus* (Solms-Laubach) Berger, Fettweiss, Gleissberg, Liddle, Richter, Sawitzky et Zuccarello

a. 配子囊辐枝侧面观；b. 配子囊辐枝部分侧面观，表示上冠的形状和子囊；c. 上冠的顶面观; d. 成熟藻体

Figure 112 *Parvocaulis exiguus* (Solms-Laubach) Berger, Fettweiss, Gleissberg, Liddle, Richter, Sawitzky et Zuccarello

a. Lateral view of the gametangial ray; b. Lateral view of the gametangial ray (a part) showing the shape of the corona superior and the cysts; c. Apical view of the corona superior; d. Mature thallus

藻体较小，轻度钙化，高 2–4mm，具柄。柄长 1–3mm，多少环状皱纹，其上长 1 个顶生的轮盘。轮盘直径 1.5–2.0mm，由 6–9 个分离的梨形配子囊辐枝组成，辐枝弯曲，向上越来越细，形成长尖顶。辐枝长 860–1178μm，不形成扁平轮盘，不规则一丛顶生，两边基部有缢缩。上冠球状突出，顶面观呈略圆形或不规则圆形，直径 48–53μm，每一个上冠具有 2–3 个毛痕。没有下冠。当藻体成熟时，每个辐枝产生 20–30 个球形子囊，直径 60–110μm。

模式标本产地：印度尼西亚。

习性：生长在低潮带珊瑚礁石上或死珊瑚枝上。

产地：海南（海南岛、西沙群岛）；琉球群岛，印度尼西亚，菲律宾，泰国，越南，加罗林群岛，斐济，关岛，夏威夷群岛，马里亚纳群岛，塞舌尔，埃及，肯尼亚，澳大利亚等地。

评述：国际上目前认为尖顶伞藻 *Acetabularia exigua* 和梨形伞藻 *Acetabularia tsengiana* 都为本种的同物异名。但从我国过去的报道看，梨形伞藻的配子囊基部膨胀、上部缢缩和顶端钝圆，这与本种配子囊两端缢缩、顶端尖的描述不一致。有待做进一步研究。

119. 多孢短柄藻（新拟名）　图 113

Parvocaulis myriosporus (Joly et Cordeiro-Marina) Nascimento Moura et DeAndrade in Nascimento Moura et al., 2014: 156, figs. 5A-H, 6A-H.

Acetabularia myriospora Joly et Cordeiro-Marina in Joly et al., 1965: 80, pl. 2, figs. 1-10; Dong et Tseng, 1985: 16, fig. 14.

Acetabularia polyphysoides f. *deltoidea* Howe, 1909: 92, pl. 6, fig. 21, pl. 7, fig. 10; Collins, 1909: 379; Taylor, 1960: 105.

Polyphysa myriospora (Joly et Cordiero-Marinha) Berger et Kaever, 1992: 178, nom. inval.

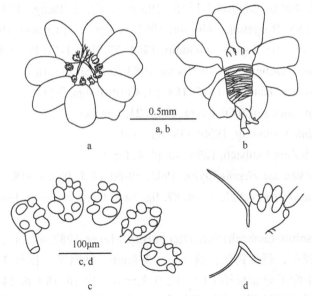

图 113　多孢短柄藻 *Parvocaulis myriosporus* (Joly et Cordeiro-Marina) Nascimento Moura et DeAndrade

a. 配子囊盘的顶面观；b. 藻体的侧面观；c. 上冠的前面观；d. 部分配子囊辐枝侧面观，表示上冠和毛的形状

Figure 113　*Parvocaulis myriosporus* (Joly et Cordeiro-Marina) Nascimento Moura et DeAndrade

a. Apical view of gametangial ray disk; b. Lateral view of the thallus; c. Front view of the corona superior; d. Lateral view of the gametangial ray (a part) showing the shape of the corona superior and hairs

藻体很小，轻度钙化，具柄，柄长约 1mm，表面微皱，顶生 1 个配子囊盘。配子囊盘近扁平，直径约 1.5mm，由 9 个配子囊辐枝组成。配子囊辐枝侧面由于钙化而相互粘连，易分离，倒卵形，基部收缢，顶端圆形。表面观，上冠椭圆形，长 65–75μm，具有 6–8 根毛。没有下冠。

模式标本产地：巴西。

习性：生长在低潮带死珊瑚枝上，常常和棒形短柄藻混生在一起。

产地：海南（西沙群岛）；加勒比海，古巴，巴西，大西洋西部热带和亚热带地区。

评述：在上冠毛的数目上，多孢短柄藻非常类似于拟多叶伞藻 *Acetabularia polyphysoides*。但是，它们的配子囊辐枝形状显然不同，多孢短柄藻的配子囊辐枝倒卵形，顶端圆形，而拟多叶伞藻的配子囊辐枝窄纺锤形，顶端略尖。

120. 极小短柄藻（新拟名） 图 114A，图 114B； 图版 IV: 8

Parvocaulis parvulus (Solms-Laubach) Berger, Fettweiss, Gleissberg, Liddle, Richter, Sawitzky et Zuccarello, 2003: 559, figs. 11, 25 (as '*parvula*'); Titlyanov et al., 2011: 527; 2015: tab. SI; Titlyanova et al., 2014: 47; Phang et al., 2016: 27.

Acetabularia parvula Solms-Laubach, 1895: 29, pl. 2, figs.3, 5; Arnoldi, 1912: 100, fig. 16; Yamada, 1934: 55, figs. 22-23; Okamura, 1936: 85; Taylor, 1950: 50; Tseng, 1983: 268, pl. 133, fig. 4; Dong et Tseng, 1985: 14, fig. 13, pl. I, figs. 5-6, pl. II, fig. 1; Yoshida, 1998: 156; Liu, 2008: 282; Ding et al., 2015: 209

Acetabularia moebii Solms-Laubach, 1895: 30, pl.4, fig.1; Tseng, 1936a: 157, fig. 17; Okamura, 1936: 85; Børgesen, 1940: 44; 1951: 6. figs. 1-2; Egerod, 1952: 411, fig. 23 I; Dawson, 1954: 397, fig. 13j; Nizamuddin, 1964: 77, figs. 1-13; Pham-Hoàng, 1969: 467, figs. 4, 74; Tseng et Dong, 1978: 46; Tseng, 1983: 268, pl. 133, fig.4.

Acetabularia minutissima Okamura, 1912: 184, pl. C(100), figs. 7-11.

Acetabularia polyphysoides sensu Okamura, 1913: 21, figs.1-3.

Acetabularia wettsteinii Schussnig, 1930: 338, figs. 1-4.

Acetabularia moebii Solms-Laubach, 1895: 30, pl. 4, fig. 1.

Acetabularia parvula var. *americana* Taylor, 1945: 59-60, pl. 1, figs. 17-18.

Acetabularia velasquezii Trono et al., 1978: 87, fig. 5a-c; Dong et Tseng, 1985: 17, fig. 15, pl. I, fig. 7.

Polyphysa parvula (Solms-Laubach) Schnetter et Bula Meyer, 1982: 42, pl. 7, figs. c-f.

藻体淡绿色，较小，轻度钙化，高（1-）3-8mm，柄略皱，具有 1 个顶生的几乎扁平的配子囊盘。顶生配子囊盘直径（1.5-）2.0-3.5mm，由 10-18（常 14-15）个扁压的配子囊辐枝组成。配子囊辐枝侧面通过钙化连在一起，易分离，顶端圆形或扁平，有时辐枝远轴端稍凹入。表面观，上冠球形或卵圆形，直径（26-30）60-83μm，每冠有 3-5 个（通常 4 个）毛痕。没有下冠。成熟藻体每个配子囊辐枝产生 30-36 个球形子囊，直径 50-100μm。

模式标本产地：印度尼西亚。

习性：生于环礁内中潮带和低潮带礁石上或珊瑚枝上。一般常在有轻浪或平静的礁湖内生长，有时在浪大流急处的礁石隐蔽处或在珊瑚枝上的大型海藻间隙处可见到。

产地：台湾、广东（硇洲岛）、广西（涠洲岛）、海南（海南岛、西沙群岛）；太平洋，印度洋、大西洋等地。

评述：目前，国际上认为未氏伞藻 *Acetabularia velasquezii* 为本种的同物异名。这两个种的差异主要体现在配子囊辐枝的形状上，前者的配子囊辐枝顶面观为棍棒形或倒披针形，略扁平，离轴 1/3 处游离，基部 2/3 处互相连接并钙化，以及上冠直径较小（26–30μm）。

100μm

图 114A　极小短柄藻 *Parvocaulis parvulus* (Solms-Laubach) Berger, Fettweiss, Gleissberg, Liddle, Richter, Sawitzky et Zuccarello

部分配子囊辐枝侧面观，示上冠形状

Figure 114A　*Parvocaulis parvulus* (Solms-Laubach) Berger, Fettweiss, Gleissberg, Liddle, Richter, Sawitzky et Zuccarello

Lateral view of the gametangial ray (a part), showing the shape of the corona superior

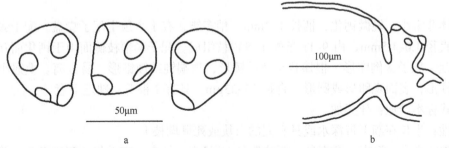

50μm

100μm

a   b

图 114B　极小短柄藻 *Parvocaulis parvulus* (Solms-Laubach) Berger, Fettweiss, Gleissberg, Liddle, Richter, Sawitzky et Zuccarello

a. 上冠及毛痕；b. 部分配子囊辐枝的侧面观，示上冠形状

Figure 114B　*Parvocaulis parvulus* (Solms-Laubach) Berger, Fettweiss, Gleissberg, Liddle, Richter, Sawitzky et Zuccarello

a. Corona superior with hair-scars；b. Lateral view of the gametangial ray (a part), showing the shape of the corona superior

121. 微形短柄藻（新拟名）　图 115

Parvocaulis pusillus (Howe) Berger, Fettweiss, Gleissberg, Liddle, Richter, Sawitzky et Zuccarello, 2003: 560, figs. 15, 29, 35(as '*pusilla*'); Titlyanov et al., 2011: 527; 2015: tab. SI.

Acetabularia pusillum Howe, 1909: 89, pl. 6, figs. 13-15, pl. 7, figs. 1-4; Taylor, 1928: 67, pl.5, figs. 17-21.

Acetabularia pusilla (Howe) Collins, 1909: 379; Tseng, 1936a: 158, fig. 18; Taylor, 1960: 104, pl. 6, fig. 13; Dong et Tseng, 1985: 12, fig. 10.

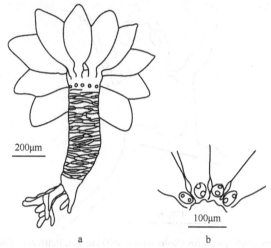

a   b

图 115　微形短柄藻 *Parvocaulis pusillus* (Howe) Berger, Fettweiss, Gleissberg, Liddle, Richter, Sawitzky et Zuccarello

a. 藻体外形；b. 部分配子囊辐枝盘的表面观，示上冠和毛痕

Figure 115　*Parvocaulis pusillus* (Howe) Berger, Fettweiss, Gleissberg, Liddle, Richter, Sawitzky et Zuccarello

a. Thallus; b. Surface view of gametangial ray disk (a part) showing the corona superior with the hair-scars

　　藻体非常小，轻微钙化，柄长 1–3mm，稍多皱，有 1 个顶生配子囊盘。配子囊盘近扁平，直径 1.0–1.5mm，由 9–11 条配子囊辐枝组成。配子囊辐枝侧面由于钙化而互相粘连在一起。配子囊倒卵形、棍棒状至亚纺锤形，顶端钝或钝锥形，易分离。上冠小，侧面观圆柱形，表面观卵形或圆形，直径 25–33μm，具有 2 根毛。缺乏下冠。

　　模式标本产地：牙买加。

　　习性：生长在潮下带深水或具有泥的石块或死珊瑚枝上。

　　产地：香港、海南（海南岛、西沙群岛）；日本，越南，塞舌尔，利比里亚，美洲东海岸等地。

　　评述：这个种类的藻体非常小，我们没有采到成熟的标本。根据 Collins（1909）的描述，每个配子囊辐枝有 15–60 子囊，每个辐枝直径 68–82μm。

英文检索表

Key to the taxa of Order Siphonocladales

14. Erect branches diameter more than 200μm ·· *C. fasciculatus*

14. Erect branches diameter less than 200μm ·· 15

15. Cell wall of the erect branches more than 15μm in thickness ·················· *C. herpestica*

15. Cell wall of the erect branches less than 15μm in thickness ·················· *C. javanica*

   16. Thalli prostrate to clumps, branches secund ·················· *Siphonocladus xishaensis*

   16. Thalli erect solitary or tufted, branches radiate ·················· *S. tropicus*

17. Thalli siphonate branched ·················· *Valoniopsis pachynema*

17. Thalli consist of 1 to more cells, saccular or spherical ·················· 18

   18. Thalli composed of polygonal cells, spherical ·················· 19

   18. Thalli composed of 1 to more cells, spherical, oboval and clavate, branching ·················· 24

19. Thalli without the spines in the inner wall of cell ·················· 20

19. Thalli with the spines in the inner wall of cell ·················· 21

   20. Thalli solid in youth, and hollow in maturation period ·················· *Dictyosphaeria intermedia*

   20. Thalli hollow in except of primary undivided saccate period ·················· *D. cavernosa*

21. Thalli with larger cells at below part and small ones at upper part ·················· *D. bokotensis*

21. Thalli without significantly different cell size ·················· 22

   22. Absence of branches on the hapterons of thalli ·················· *D. spinifera*

   22. Branches or part branches on the hapterons of thalli ·················· 23

23. Branches on the hapterons of thalli, large variation on calthrop shape, straighten or bend ·········· *D. versluysii*

23. Branches on the hapterons of thalli, simplex calthrop shape ·················· *D. fujianensis*

   24. Thalli solitary large cystic cell ·················· *Valonia ventricosa*

   24. Thalli the mass of most cystic cells ·················· 25

25. Thalli irregular mass, branches cystic or irregular cystic, most adnation, few acrogenesis ········ *V. utricularis*

25. Thalli round mass, branches oval, rod-shaped or cylindrical ·················· 26

   26. Branches short; holdfast consisted of 1 to several adherent cells, adherent cells irregularly arrange ········
·················· *V. aegagropila*

   26. Branches long; holdfast consisted of many adherent cells, adherent cells usually several to more than 10
circular or subcircular arrangement ·················· *V. fastigiata*

Key to the taxa of Order Codiales

1. Thalli with branches, generally erect ·················· 2

1. Thalli cushion-shape or oval, generally creeping ·················· 7

   2. Thalli less than 10cm in height ·················· *Cpapillatum* var. *hainanense*

   2. Thalli more than 10cm in height ·················· 3

3. Segments of the thalli inflated obviously to cuneiform or broad triangle ·················· 4

3. Segments of the thalli inflated slightly or indistinctly or not ·················· 6

   4. Thalli less than 20cm in height ·················· *C. bartlettii*

   4. Thalli more than 20cm in height ·················· 5

5. Thalli less than 30cm in height ·················· *C. subtubulosum*

5. Thalli more than 30cm in height···*C. cylindricum*

   6. Thalli 10-30cm in height, erect, segments inflated indistinctly or not································*C. fragile*

   6. Thalli 5-10cm in height, procumbent or erect, segments inflated slightly·······················*C. formosanum*

7. Thalli oval··*C. ovale*

7. Thalli non oval···8

   8. Thalli with global foliaceous protuberance ···*C. arabicum*

   8. Thalli non global foliaceous protuberance ···9

9. Creeping extension range of the thalli not exceeded 10cm in diameter ·····························10

9. Creeping extension range of the thalli exceeded 10cm in diameter ································11

   10. Thalli dark green, gametangia 230-310μm in length ··*C. nanwanense*

   10. Thalli deep green, gametangia 166-182(-250)μm in length································*C. geppiorum*

11. Creeping extension range of the thalli up to 20cm in diameter, gametangia 265-274μm in length················

··*C. repens*

11. Creeping extension range of the thalli up to 1m in diameter, gametangia 270-330μm in length········*C. edule*

Key to the taxa of Order Caulerpales

1. Thalli siphonous with dense branchlets ···2

1. Thalli dichotomous with flabellate and foliaceous, nodiferous, compressed to flattened appearance ···········21

   2. Branches linear, leafy, pinnate ··3

   2. Branches filiform ···*Caulerpella ambigua*

3. Branchlet verticillate ···4

3. Branchlet non verticillate ··5

   4. Stolon born dense momentums··*Caulerpa webbiana*

   4. Stolon non momentums ···*C. verticillata*

5. Margins of branches serrated··6

5. Margins of branches non serrated ···9

   6. Erect branch non repeatedly dichotomous··*C. brachypus*

   6. Erect branch repeatedly dichotomous ···7

7. Erect branch oblate, rarely tortuose ··*C. serrulata* var. *boryana* f. *occidentalis*

7. Thalli tortuose more or less ··8

   8. Erect branch terete at the low part, upward gradually ellipsoid, slightly spirally tortuose·······*C. serrulata*

   8. Foliar branch usually tortuose, spirally curved, often tortuose into coccoid················*C. serrulata* f. *lata*

9. Erect branch foliar···10

9. Erect branch non folia ···14

   10. Branchlet peltate···11

   10. Branchlet non peltate··12

11. Margins of peltate branchlet can produce discal branchlet ···*C. nummularia*

11. Margins of peltate branchlet can't produce discal branchlet ···*C. chemnitzia*

   12. Branchlet distichous opposite, with petiole at the base, tip blunt round ·······················*C. okamurai(e)*

49. Thalli no more than 4cm in height ·· *Udotea velutina*

    50. Blade annulated ··51

    50. Blade without annulated ·· *U. tenax*

51. Blade near to petiole about 300μm in thickness, cortex consisted of 4 layers filaments·············· *U. tenuifolia*

51. Blade near to petiole more than 320μm in thickness, cortex consisted of 5 layers and more filaments ······52

    52. Cortex of the blade near to petiole consisted of 5 layers filaments ································ *U. fragilifolia*

    52. Cortex of the blade near to petiole consisted of 7 layers filaments ··53

53. Blade entire with few annulations, cortex calcific ·· *U. reniformis*

53. Margin of blade irregular, with elevation and lobes, annulated evidently, cortex slightly or incompletely calcific ·· *U. xishaensis*

    54. Lateral appendages caespitose or cymosely branched, with truncate or digitiform apex ······ *U. flabellum*

    54. Lateral appendages single, alternate or opposite, with rounded apex ·············· *U. argentea* var. *spumosa*

Key to the taxa of Order Bryopsidales

1. Gametophytes and sporophytes both filiform. Gametophytes large with many branches and 1 to several main axes. Sporophytes small, a few millimeters long, zoospore born in the filament ······································2

1. Gametophytes oval or sacciform. Sporophytes filiform, sub-dichotomous to irregular branched, sporangium lateral, zoospore with stephanokont···15

    2. Gametangium oval, lateral on the pinnule ··· *Trichosolen hainanensis*

    2. Gametangium transformed from terminal branchlet··3

3. Branches verticillate, mostly up to 5··· *Bryopsis verticillata*

3. Branches non verticillate ···4

    4. Thalli slender, less than 1cm in height ·· *B. cespitosa*

    4. Thalli more than 1cm in height ···5

5. Main axes non forked, branchlets produced in all directions···························· *B. muscosa*

5. Main axes forked ··6

    6. Branches long at the lower part of the Thalli, short at the upper part, corymbose arranged··· *B. corymbosa*

    6. Thalli non or unconspicuously corymbose ··7

7. Upper part of the main axes dichotomous···································· *B. pennata*

7. Upper part of the main axes non dichotomous ··8

    8. Top of the main axes curved, branchlets on the pinnule completely secund to a side of the main axes········ ·· *B. harveyana*

    8. Top of the main axes non curved, branchlets on pinnule irregular, opposite, lateral, alternate or elongated at all directions··9

9. Branchlets on the pinnule elongated in all directions ··10

9. Branchlets on the pinnule born at both sides of the axes ····································11

    10. Pinnule forked ·· *B. hypnoides*

    10. Pinnule non forked ·· *B. ryukyuensis*

11. Thalli less than 3cm in height ··· *B. indica*

11. Thalli more than 3cm in height ··12

  12. Basal portion of the branchlets on the pinnule numerously swollen, produces rhizoid downwards ··········· ··· *B. corticulans*

  12. Basal portion of the branchlets on the pinnule numerously non-swollen, few produces rhizoid downwards ···13

13. Pinnules generally irregularly penniform, its branchlets regularly distributed on both sides or one side of the axe or radially ·· *B. australis*

13. Pinnules regularly penniform, its branchlets regularly distributed on both sides of the axes ·····················14

  14. Pinnule non forked ·· *B. plumosa*

  14. Pinnule two or three forked ··· *B. triploramosa*

15. Only sporophytes, erect, aseptate, clavate, cell wall of the basal creeping filament calcific··························· ··· *Pedobesia ryukyuensis*

15. Sporophytes with branches, thin, filiform, gametophyte ovate, sacciform ··16

  16. Thalli fascicular, 1-1.5cm high, branches (25-)31-50μm in diameter························· *Derbesia marina*

  16. Thalli mostly hemispherical fascicular, 0.5-1cm high, branches 80-300μm in diameter························· ··· *D. rhizophora*

Key to the taxa of Order Dasycladales

1. Main axis produces only one type of the trays consisted of the verticillate branches ·································2

1. Main axis produces two types of the trays, alternant or with some tiny trays, single terminated tray with colorless hairy lateral branches and green gametangia rays··10

  2. Thalli calcific, secondary lateral growth heteromorphic to the gametangium ······ *Dasycladus vermicularis*

  2. Thalli calcific, gametangium produced from the primary lateral growth ···3

3. Thalli slightly calcific, cortex at the lower part complete, surrounding the gametangium ····························4

3. Thalli severely calcific, cortex at the lower part often cracked, gametangium naked··································7

  4. Thalli spherical, subspherical or oblong···5

  4. Thalli subcylindrical or clavate···6

5. Gametangium nearly spherical ·· *Bornetella sphaerica*

5. Gametangium oval or oblong ··· *B. capitata*

  6. 1 to 2 gametangia produced on each primary branch·· *B. nitida*

  6. More than 4 gametangia produced on each primary branch···································*B. oligospora*

7. Gametangia attached to each other by calcification into an annulus to surrounding the thalli ······················· ··· *Neomeris annulata*

7. Sides of gametangia not mutually adhered, and dispersed after the maturity ···································· 8

  8. Primary branch over 500μm in length , and the triple dentate at the apex···························· *N. vanbosseae*

  8. Primary branch not exceeded 500μm in length, and not triple dentate at the apex ·······························9

9. With thick discoid protuberances at the apex of the primary branches ······························ *N. bilimbata*

9. With conical protuberances at the apex of the primary branches ··· *N. mucosa*

  10. Reproductive structure of the thalli included the corona superior and corona inferior, sides of

gametangial ray fused or linked together by calcification ·· 11

    10. Reproductive structure of the thalli only included the corona superior, lacked of the corona inferior, gametangia ray detached or linked together by calcification ·· 12

11.Thalli small, 4cm high, fascicular, slightly calcific ······························ *Acetabularia calyculus*

11.Thalli large, up to 11-13cm high, solitary, severely calcific···································· *A. major*

    12. With 6-8 hairs per corona superior····································· *Parvocaulis myriosporus*

    12. With 2-5 hairs per corona superior·· 13

13. Gametangial ray dispersed ·· 14

13. A part or all sides of the gametangial rays conterminous or sticking into a tray ······················· 15

    14. Gametangia clavate, protruded from the axis on a plane ······························· *P. clavatus*

    14. Gametangia pyriform, protruded from the axis at various directions ···················· *P. exiguus*

15. Tray small, 1.0-1.5mm in diameter, coronae prominent, 25-33μm in diameter, with 2 hairs or hair scars ······
·· *P. pusilla*

15. Tray large, 2.0-3.5mm in diameter, coronae prominent, 60-83μm in diameter, with 3-5 hairs or hair scars·····
·· *P. parvulus*

参 考 文 献

陈灼华, 周贞英. 1980. 福建网球藻属的一新种. 福建师大学报(自然科学版), 1: 93-98[Chen Z H, Chou C Y. 1980. A new species of *Dictyosphaeria* from Fujian Province. Journal of Fujian Normal University (Natural Science Edition), 1: 93-98]

丁兰平, 黄冰心, 栾日孝. 2015. 中国海洋绿藻门的新分类系统. 广西科学, 22(2): 201-210[Ding L P, Huang B X, Luan R X. 2015. New classification system of marine green algae of China. Guangxi Sciences, 22(2): 201-210]

丁兰平, 黄冰心, 谢艳齐. 2011. 中国大型海藻的研究现状及其存在的问题. 生物多样性, 19(6): 798-804[Ding L P, Huang B X, Xie Y Q. 2011. Advances and problems with the study of marine macroalgae of China seas. Biodiversity Science, 19(6): 798-804]

董美玲, 曾呈奎. 1980. 西沙群岛海产绿藻研究 II. 海洋科学集刊, 17: 1-10[Dong M L, Tseng C K. 1980. Studies on some marine green algae from the Xisha Islands, Guangdong province, China. II. Studia Marina Sinica, 17: 1-10]

樊恭炬(Fan K C), 王永川(Wang Y C), 潘国瑛(Pan G Y), 蒋福康(Jiang FK), 范允平(Fan Y P). 1978. 我国西沙群岛的海藻研究 III. 金银岛及其附近几个岛礁的海藻名录//中国科学院南海海洋研究所. 我国西沙、中沙群岛海域海洋生物调查研究报告集. 北京: 科学出版社, 55-62

樊恭炬. 1963. 中国管枝藻目植物地理分布的研究. 海洋与湖沼, 5(2): 165-171[Fan K C. 1963. On the phytogeographical distribution of the Siphonocladales of China. Oceanologia et Limnologia Sinica, 5(2): 165-171]

冈村金太郎(Okamura). 1936. 日本海藻志. 东京: 内田老鹤圃, 1-964

杭金欣(Hang J X), 孙建璋(Sun J Z). 1983. 浙江海藻原色图谱. 浙江: 浙江科学技术出版社, 1-119

胡鸿钧(Hu H J), 魏印心(Wei Y X). 2006. 中国淡水藻类——系统、分类及生态. 北京: 科学出版社, 1-1023

黄淑芳(Huang S F). 2000. 台湾东北角海藻图录. 台北: 台湾博物馆, xii, 1-233

吉田忠生(Yoshida). 1998. 新日本海藻志. 东京: 内田老鹤圃, 1-1222

江永棉(Chiang Y M), 王玮龙, 黄淑芳. 1990. 台湾海藻简介. 台北: 台湾省立博物馆出版部, 1-157

濑川宗吉(Segawa S). 1956. 原色日本海藻图鉴. 日本大阪: 保育社, xviii, 175 [Segawa S. 1956. Genshoku Nihon kaiso zukan [Coloured illustrations of the seaweeds of Japan]. Osaka: Hoikusha, i-xviii, 1-175

李茹光. 1964. 旅大的海生绿藻. 吉林师大学报, 1: 91-106[Li J K. 1964. Notes on the marine Chlorophyceae from Lushun and Talien. Jilin Normal University Journal, 1: 91-106]

李伟新(Li W X), 朱仲嘉(Zhu Z J), 刘凤贤(Liu F X). 1982. 海藻学概论. 上海: 上海科学技术出版社

刘瑞玉(Liu R Y). 2008. 中国海洋生物名录. 北京: 科学出版社, 1-1267

陆保仁(Lu B R), 曾呈奎(Tseng C K), 董美玲(Dong M L), 徐法礼(Xu F L). 1991. 南沙群岛海区褐藻和绿藻的研究//中国科学院南沙综合科学考察队. 南沙群岛及其邻近海区海洋生物研究论文集(一). 北京: 海洋出版社, 1-14

栾日孝(Luan R X). 1989. 大连沿海藻类实习指导. 大连: 大连海运学院出版社, 1-129

吴向春(Wu X C), 陆保仁(Lu B R), 曾呈奎(Tseng C K). 1998. 南沙群岛蕨藻属 (*Caulerpa*) 的研究//中国科学院南沙综合科学考察队. 南沙群岛及其邻近海区海洋生物分类区系和生物地理学研究 III. 北京: 海洋出版社, 19-34

张峻甫, 夏恩湛, 夏邦美. 1975. 西沙群岛管枝藻目的分类研究. 海洋科学集刊, 10: 20-60[Chang C F, Xia E Z, Xia B M. 1975. Taxonomic studies on the Siphonocladales of Xisha Islands, Guangdong Province, China. Studia Marina Sinica, 10: 20-60]

曾呈奎, 等. 1962. 中国经济海藻志. 北京: 科学出版社, 1-198[Tseng C K, Chang T J, Chang C F. 1962. Economic Seaweeds of China. Beijing: Sciences Press, 1-198]

曾呈奎, 董美玲, 陆保仁. 2004. 中国绒扇藻属(钙扇藻科 Udoteaceae, 绿藻门 Chlorophyta)的新种和新记录. 海洋科学集刊, 46: 172-180[Tseng C K, Dong M L, Lu B R. 2004. New species and records of the genus *Avrainvillea*(Udoteaceae,Chlorophyta) from South China Sea. Studia Marina Sinica, 46: 172-180]

曾呈奎, 董美玲. 1975. 西沙群岛钙扇藻属的几个新种. 海洋科学集刊, 10: 1-19[Tseng C K, Dong M L. 1975. Some new species of *Udotea* from the Xisha Islands, Guangdong Province, China. Studia Marina Sinica, 10: 1-19]

曾呈奎, 董美玲. 1978. 西沙群岛海产绿藻的研究 I. 海洋科学集刊, 12: 41-50[Tseng C K, Dong M L. 1978. Studies on some marine green algae from the Xisha Islands, Guangdong Province, China. I. Studia Marina Sinica, 12: 41-50]

曾呈奎, 董美玲. 1983. 西沙群岛海产绿藻的研究 III. 海洋科学集刊, 20: 109-122[Tseng C K, Dong M L. 1983. Studies on some marine green algae from the Xisha Islands, Guangdong Province, China. III. Studia Marina Sinica, 20: 109-122]

曾呈奎, 张峻甫. 1962. 中国网球藻属的分类研究. 植物学报, 10(2): 120-132[Tseng C K, Chang C F. 1962. Studies on Chinese species of *Dictyosphaeria*.Acta Botanica Sinica, 10(2): 120-132]

曾呈奎. 2008. 中国黄渤海海藻. 北京: 科学出版社[Tseng C K. 2008. Seaweeds in Yellow Sea and Bohai Sea of China. Beijing: Sciences Press]

郑柏林(Zhen B L), 王筱庆(Wang X Q). 1961. 海藻学. 北京: 农业出版社

周云龙(Zhou Y L). 1999. 植物生物学. 北京: 高等教育出版社

周贞英, 陈灼华. 1965. 平潭岛海藻调查报告. 福建师范学院学报, l: 1-12

周贞英, 陈灼华. 1983. 福建海藻名录. 台湾海峡, 2(1): 91-102[Zhou Z Y, Chen Z H. 1983. A list of marine algae from Fujian coast. Taiwan Strait, 2(1): 91-102]

野田光藏(Noda M). 1971. 中国东北区(满洲)の植物志. 東京: 風間書房, 1383-1601

Abbott I A, Hollenberg G J. 1976. Marine algae of California. Stanford, California: Stanford University Press, 1-827

Agardh C A. 1817. Synopsis algarum Scandinaviae, adjecta dispositione universali algarum. Lundae [Lund]: Ex officina Berlingiana, 1-135

Agardh C A. 1822/3. Species algarum rite cognitae, cum synonymis, differentiis, specificis et descriptionibus succinctis. Volumen primum pars posterior. Lundae [Lund]: ex officina Berlingiana, 169-398(1822), 399-531(1823)

Agardh C A. 1828. Species algarum rite cognitae, cum synonymis, differentiis specificis et descriptionibus succinctis. Voluminis secundi. Sectio prior. Gryphiae [Greifswald]: sumptibus Ernesti Mauriti [Ernst Mauritius], [i]-lxxvi, 1-189.

Agardh J G. 1837. Novae species algarum, quas in itinere ad oras maris rubri collegit Eduardus Rüppell; cum observationibus nonnullis in species rariores antea cognitas. Museum Senckenbergianum, 2: 169-174

Agardh J G. 1842. Algae maris Mediterranei et Adriatici, observationes in diagnosin specierum et dispositionem generum. Parisiis [Paris]: Apud Fortin, Masson et Cie, [i]-x, 1-164

Agardh J G. 1847. Nya alger från Mexico. Öfversigt af Kongl. Vetenskaps-Adademiens Förhandlingar, Stockholm, 4: 5-17

Agardh J G. 1873'1872'. Till algernes systematik. Nya bidrag. Lunds Universitets Års-Skrift, Afdelningen for Mathematik och Naturvetenskap, 9(8): 1-71

Agardh J G. 1878'1877'. De Algis Novae Zelandiae marinis. In Supplementum Florae Hookerianae. Lunds Universitets Års-Skrift, Afdelningen for Mathematik och Naturvetenskap, 14(4): [1]-32

Agardh J G. 1887. Till algernes systematik. Nya bidrag. (Femte afdelningen.). Lunds Universitets Års-Skrift, Afdelningen for Mathematik och Naturvetenskap, 23(2): 1-174

Ardissone F. 1886. Phycologia mediterranea. Parte IIa. Oosporee-Zoosporee-Schizosporee. Memorie della Società Crittogamologica Italiana, 2: [1]-325.

Areschoug J E. 1850. Phycearum, quae in maribus Scandinaviae crescunt, enumeratio. Sectio posterior Ulvaceas continens. Nova Acta Regiae Societatis Scientiarum Upsaliensis, 14: 385-454

Areschoug J E. 1851. Phyceae capenses, quarum particulam primam, venia ampliss. philos. facult. Upsaliens, praeside J E Areschoug... pro gradu philosophico p.p. Johannes Conradus Carlberg gothoburgensis. In auditorio Gustaviano die vii maj mdccli. H.A.M.S. Upsaliae [Uppsala]: excudebat Reg. Acad. Typographus, 1-32

Areschoug J E. 1854. *Spongocladia*, ett nytt algsägte. Öfversigt af Konglige Svenska Vetenskaps-Akademiens Förhandlingar, 10: 201-209

Arnoldi W. 1912. Algologische Studien. Zur Morphologie einiger Dasycladaceen (*Bornetella, Acetabularia*). Flora, 104: 85-101

Baluswami M, Prasad A K S K, Krishnamurthy V, Desikachary T V. 1982. On *Bornetella nitida* (Harv.) Munier-Chalmas from the Andaman Islands. Seaweed Research and Utilisation, 3: 99-101

Barton E S. 1893. A provisional list of the marine algae of the Cape of Good Hope. Journal of Botany, British and Foreign, 31: 53-56, 81-84, 110-114, 138-144, 171-177, 202-210

Barton E S. 1901. The genus *Halimeda*. Siboga-Expeditie Monographe LX. Leiden: E.J. Brill, 1-32

Beck G von, Zahlbruckner A. 1898. Schedae ad "Kryptogamas exsiccates" editae a Museo Palatino Vindobonensi. Centuria IV. Annalen des Kaiserlich-Königlichen Naturhistorischen Hofmuseums, 13: 443-472

Belton G S, Prud'Homme van Reine W F, Huisman J M, Draisma S G A, Gurgel C F D. 2014. Resolving phenotypic plasticity and species designation in the morphology challenging *Caulerpa racemosa-peltata* complex (Caulerpaceae, Chlorophyta). Journal of Phycology, 50(1): 32-54

Berger S, Fettweiss U, Gleissberg S, Liddle L B, Richter U, Sawitzky H, Zuccarello G C. 2003. 18S rDNA phylogeny and evaluation of cap development in Polyphysaceae (formerly Acetabulariaceae; Dasycladales, Chlorophyta). Phycologia, 42: 506-561

Berger S, Kaever M J. 1992. Dasycladales: an illustrated monograph of a fascinating algal order. Stuttgart: Georg Thieme Verlag, VII, 247

Berkeley M J. 1842. Enumeration of fungi, collected by H. Cuming, Esq. F.L.S. in the Philippine Islands. London Journal of Botany, 1: 142-157

Bertoloni A. 1819. Amoenitates italicae sistentes opuscula ad rem herbariam et zoologiam Italiae spectantia. Bononiae [Bologna]: Typis Annesii de Nobilibus, i-vi, 1-472

Bolton J J, Stegenga H. 1990. The seaweeds of De Hoop Nature Reserve and their phytogeographical significance. South African Journal of Botany, 56(2): 233-238

Bonotto S. 1988. Recent progress in research on *Acetabularia* and related Dasycladales. Progress in Phycological Research, 6: 59-235

Børgesen F. 1905. Contribution à la cannaissance du genre *Siphonocladus* Schmitz. Oversight Over Det Kgl Danske Videnskabernes Selskabs Forhandlingar, 3: 259-291

Børgesen F. 1907. An ecological and systematic account of the Caulerpas of the Danish West Indies. Kongelige Danske Videnskabernes Selskabs Skrifter, 7. Raekke, Naturvidenskabelig og Mathematisk afdeling 4: 337-391 [392]

Børgesen F. 1911. Some Chlorophyceae from the Danish West Indies. Botanisk Tidsskrift, 31: 127-152

Børgesen F. 1912. Some Chlorophyceae from the Danish West Indies. II. Botanisk Tidsskrift, 32: 241-274

Børgesen F. 1913. The marine algae of the Danish West Indies. Pt. I. Chlorophyceae. Dansk Botanisk Arkiv, 1(4): 1-158

Børgesen F. 1925. Marine algae from the Canary Islands, especially from Teneriffe and Gran Canaria. I. Chlorophyceae. Kongelige Danske Videnskabernes Selskab, Biologiske Meddelelser, 5(3): 1-123

Børgesen F. 1930. Some Indian green and brown algae, especially from the shores of the Presidency of Bombay. Journal of the Indian Botanical Society, 9: 151-174

Børgesen F. 1932. A revision of Forsskål's algae mentioned in Flora Aegyptiaco-Arabica and found in his herbarium in the Botanical Museum of the University of Copenhagen. Dansk Botanisk Arkiv, 8(2): 1-14

Børgesen F. 1934. Some marine algae from the northern part of the Arabian sea with remarks on their geographical distribution. Kongelige Danske Videnskabernes Selskab, Biologiske Meddelelser, 11(6): 1-72

Børgesen F. 1936. Some marine algae from Ceylon. Ceylon Journal of Science Section A Botany, 12: 57-96

Børgesen F. 1940. Some marine algae from Mauritius. I. Chlorophyceae. Kongelige Danske Videnskabernes Selskab, Biologiske Meddelelser, 15(4): 81, 26

Børgesen F. 1946. Some marine algae from Mauritius. An additional list of species to Part. I. Chlorophyceae. Kongelige Danske Videnskabernes Selskab, Biologiske Meddelelser, 20(6): 1-64

Børgesen F. 1948. Some marine algae from Mauritius. Additional lists to the Chlorophyceae and Phaeophyceae. Kongelige Danske Videnskabernes Selskab, Biologiske Meddelelser, 20(12): 1-55

Børgesen F. 1951. Some marine algae from Mauritius. Additions to the parts previously published. III. Kongelige Danske Videnskabernes Selskab, Biologiske Meddelelser, 18(16): 1-44

Børgesen F. 1953. Some marine algae from Mauritius. Additions to the parts previously published. V. Kongelige Danske Videnskabernes Selskab, Biologiske Meddleleser, 21(9): 1-62

Bory de Saint-Vincent J B G M. 1828. Botanique, Cryptogamie. In: Duperrey L I. Voyage autour du monde, exécuté par ordre du Roi, sur la corvette de Sa Majesté, La Coquille, pendant les années 1822, 1823, 1824 et 1825. Paris: Bertrand, pp. 97-200.

Bory de Saint-Vincent J B G M. 1829. Cryptogamie. In: Duperrey L I. Voyage autour du monde, exécuté par ordre du Roi, sur la corvette de sa majesté, La Coquille, pendant les années 1822, 1823, 1824 et 1825. Paris: Bertrand, pp. 201-301.

Brand F. 1904. Über die Anheftung der Cladophoraceen und über verschiedene polynesische Formen dieser Familie. Beihefte zum Botanischen Centralblatt 18(Abt. 1): 165-193

Chang J S, Dai C F, Chang J. 2002. A taxonomic and karyological study of the Codium geppiorum complex (Chlorophyta) in southern Taiwan, including the description of Codium nanwanense sp. nov. Botanical Bulletin of Academia Sinica, 43: 161-170

Chapman V J. 1956. The marine algae of New Zealand. Part I. Myxophyceae and Chlorophyceae. Journal of the Linnean Society of London, Botany, 55: 333-501

Chapman V J. 1961. The marine algae of Jamaica. Part 1. Myxophyceae and Chlorophyceae. Bulletin of the Institute of Jamaica, Science Series, 12(1): 1-159, 178

Chiang Y M. 1960. Marine algae of northern Taiwan (Cyanophyta, Chlorophyta, Phaeophyta). Taiwania, 7: 51-75

Chiang Y M. 1962. Marine algae collected from Penghu (Pescadores). Taiwania, 8: 167-180

Chiang Y M. 1973. Notes on marine algae of Taiwan. Taiwania, 18: 13-17

Collins F S, Harvey A B. 1917. The algae of Bermuda. Proceedings of the American Academy of Arts and Sciences, 53(1): 1-195

Collins F S, Holden I, Setchell W A. 1899. Phycotheca boreali-americana. A collection of dried specimens of the algae of North America. Vol. Fasc. XII-XIII, Nos. 551-650. Malden, Massachusetts

Collins F S. 1909. The green algae of North America. Tufts College Studies (Science), 2: 79-480

Coppejans E, Beeckman T. 1990. Caulerpa (Chlorophyta, Caulerpales) from the Kenyan coast. Nova Hedwigia, 50: 111-125

Coppejans E, Prud'Homme van Reine W F. 1989. Seaweeds of the Snellius-II Expedition. Chlorophyta: Dasycladales. Netherlands Journal of Sea Research, 23: 123-129

Coppejans E, Prud'Homme van Reine W F. 1992. The oceanographic Snellius-II Expedition. Botanical results. List of stations and collected plants. Bulletin des Séances de l'Académie royale des Sciences d'Outre-Mer, 37: 153-194

Cramer C. 1887. Ueber die verticillirten Siphoneen besonders *Neomeris* und *Cymopolia*. Neue Denkschriften der Allg. Schweizerischen Gessellschaft für die Gesammten Naturwissenschaften, 30(Abt. 1, [Art 2]): 1-50

Cramer C. 1890. Ueber die verticillirten Siphoneen besonder *Neomeris* und *Bornetella*. Neue Denkschriften der Allg. Schweizerischen Gesellschaft für die Gesammten Naturwissenschaften, 32 (Abt. 1, [Art. 2]): 1-48

Cribb A B. 1960. Records of marine algae from south-eastern Queensland. V. University of Queensland Papers, Department of Botany, 4: 3-31

Dawson E Y. 1954. Marine plants in the vicinity of the Institute Océanographique de Nha Trang, Viêt Nam. Pacific Science, 8: 372-469

Dawson E Y. 1956. Some marine algae of the southern Marshall Islands. Pacific Science, 10(1): 25-66

Dawson E Y. 1957. An annotated list of marine algae from Eniwetok Atoll, Marshall Islands. Pacific Science, 11(1): 92-132

Dawson E Y. 1959. Marine algae from the 1958 cruise of the Stella Polaris in the Gulf of California. Los Angeles County Museum Contributions in Science, 27: 1-39

Dawson E Y. 1961. A guide to the literature and distribution of Pacific benthic algae from Alaska to the Galapagos Islands. Pacific Science, 15(3): 370-461

De Toni G B. 1889. Sylloge algarum omnium hucusque cognitarum. Vol. I. Chlorophyceae. Patavii [Padua]: Sumptibus auctoris, 3-12, i-cxxxix, 1-1315.

De Toni G B. 1923. Un'aggiunta all'Algarium Zanardini. Atti del Reale Istituto Veneto di Scienze, Lettere ed Arti, 82(2): 475-485

Decaisne J. 1841. Plantes de l'Arabie Heureuse, recueillies par M.P.-E. Botta et décrites par M.J. Decaisne. Archives du Muséum d'Histoire Naturelle, Paris, 2: 89-199

Decaisne J. 1842a. Essais sur une classification des algues et des polypiers calcifères de Lamouroux. Annales des Sciences Naturelles, Botanique, Seconde série, 17: 297-380

Decaisne J. 1842b. Mémoire sur les corallines ou polypiers calcifères [la seconde partie du "Essais sur une classification des algues et des polypiers calcifères de Lamourous"]. Annales des Sciences Naturelles, Botanique, Seconde Série, 18: 96-128

Dickie G. 1874. On the algae of Mauritius. Journal of the Linnean Society of London, Botany, 14: 190-202

Dickie G. 1877. Notes on algae collected by H.N. Moseley, M.A. of H.M.S. "Challenger", chiefly obtained in Torres Straits, coasts of Japan and Juan Fernandez. Journal of the Linnean Society of London, Botany, 15: 446-456

Dong M L, C K Tseng. 1983. Studies on the *Geppella* (Chlorophyta) of Xisha Islands, South China Sea. Chinese Journal of Oceanology and Limnology, 1(2): 190-197

Dong M L, C K Tseng. 1985. Studies on the Dasycladales (Chlorophyta) of China. Chinese Journal of Oceanology and Limnology, 3(1): 1-22

Durairatnam M. 1961. Contribution to the study of the marine algae of Ceylon. Fisheries Research Station, Department of Fisheries, Ceylon, Bulletin, 10: 1-181

Egerod L E. 1952. An analysis of the siphonous Chlorophycophyta with special reference to the Siphonocladales, Siphonales and Dasycladales of Hawaii. University of California Publications in Botany, 25: (i)-iv, 325-453

Egerod L E. 1971. Some marine algae from Thailand. Phycologia, 10: 121-142

Egerod L E. 1974. Report of the marine algae collected on the fifth Thai-Danish Expedition of 1966. Chlorophyceae and Phaeophyceae. Botanica Marina, 17: 130-157

Ellis J, Solander D. 1786. The natural history of many curious and uncommon zoophytes, collected from various parts of the globe by the late John Ellis...Systematically arranged and described by the late Daniel Solander. London: London: Printed for Benjamin White and Son, at Horace's Head, Fleet-Street and Peter Elmsly, in the Strand, i-xii, 1-208

Ellis J. 1768. Extract of a letter from John Ellis, Esquire, F.R.S. to Dr. Linnaeus of Upsala, F.R.S. on the animal nature of the genus of zoophytes, called *Corallina*. Philosophical Transactions of the Royal Society of London, 57: 404-425

Endlicher S L. 1843. Mantissa botanica altera. Sistens genera plantarum supplementum tertium. Vienna: Fridericum Beck, Universitatis Bibliopola: vi, 111

Esper E J C. 1800. Icones fucorum cum characteribus systematicis, synonimis (sic) auctorum et descriptionibus novarum specierum. Abbildungen der Tange mit beygefügten systematischen Kennzeichen, Anführungen der Schriftsteller, und Beschribungen der neuen Gattungen. Vol. Erster Theil. Part 4. Nürnberg: Raspe, 167-217, pls. LXXXVIII-CXI

Eubank L L. 1946. Hawaiian representatives of the genus *Caulerpa*. University of California Publications in Botany, 18: 409-431

Farlow W G. 1881 '1882'. The marine algae of New England//United States Commission of Fish and Fisheries. Report of the Commissioner for 1879. Washington: Government Printing Office, 1-210

Farrell E G, Critchley A T, Aken M E. 1993. The intertidal algal flora of Isipingo Beach, Natal, South Africa, and its phycogeographical affinities. Helgoländer Meeresuntersuchungen, 47: 145-160

Feldmann J. 1938. Sur un nouveau genre de Siphonocladacées. Compte Rendu Hebdomadaire des Séances de l'Académie des Sciences. Paris, 206: 1503-1504

Feldmann J. 1946. Sur l'hétéroplastie de certaines Siphonales et leur classification. Compte Rendu Hebdomadaire des Séances de l'Académie des Sciences. Paris, 222: 752-753

Feldmann J. 1954. Sur la classification des Chlorophycées siphonées. In: VIII Congrés International de Botanique de Paris. Rapp. et Comm. Section, 17: 96-97

Forsskål P. 1775. Flora Aegyptiaca-Arabica sive descriptiones plantarum, quas per Aegyptum inferiorem et Arabium delicem detexit illustravit Petrus Forskål. Prof. Haun. Post mortem auctoris edidit Carsten Niebuhr. Hafniae [Copenhagen]: ex officina Mölleri, [1]-32, [I]-XXXVI, 1-219

Fott B. 1971. Algenkunde. Jena: VEB Gustav Fischer Verlag, [1]- 581, 303 figs.

Gepp A, Gepp E S. 1905. Some cryptogams from Christmas Island. Journal of Botany, British and Foreign, 43: 337-344

Gepp A, Gepp E S. 1908. Marine algae (Chlorophyceae and Phaeophyceae) and marine phanerogams of the "Sealark" Expedition, collected by J. Stanley Gardiner, M.A., F.R.S., F.L.S. Transactions of the Linnean Society of London, Second Series, Botany, 7: 163-188

Gepp A, Gepp E S. 1911. The Codiaceae of the Siboga Expedition including a monograph of Flabellarieae and Udoteae Siboga-Expeditie Monographie LXII. Leiden: E.J. Brill, 1-150

Gilbert W J. 1942. Notes on Caulerpa from Java and the Philippines. Papers of the Michigan Academy of Sciences, Arts and Letters, 27: 7-26

Gilbert W J. 1943. Studies on Philippine Chlorophyceae, I. The Dasycladaceae. Pap. Mich. Acad. Sci. Arts and Letters, 28: 15-35

Gilbert W J. 1947. Studies on Philippine Chlorophyceae. III: the Codiaceae. Bulletin of the Torrey Botanical Club, 74: 121-132

Gilbert W J. 1959. An annotated checklist of Philippine marine Chlorophyta. Philippine Jour. SCI, 88(4): 413-451

Gmelin S G. 1768. Historia fucorum. Petropoli [St. Petersburg]: Ex typographia Academiae scientiarum, i-xii, 1-239

Gray J E. 1866. On *Anadyomene* and *Microdictyon*, with the description of three new allied genera, discovered by Menzies in the Gulf of Mexico. Journal of Botany, London, 4: 41-51, 65-72

Grubb V M. 1932. Marine algae of Korea and China, with notes on the distribution of Chinese marine algae. J. Bot, 70(836; 837): 213-219, 245-250

Hamel G. 1930. Floridées de France VI. Revue Algologique, 5: 61-109

Hariot P. 1889. Algues//Mission Scientifique du Cap Horn. 1882-1883. Tome V. Botanique. (Eds). Paris: Gauthier-Villars et fils, 3-109

Harvey W H , Bailey J W. 1851. [Dr. Gould presented, in behalf of Professors W. H. Harvey of Trinity College, Dublin, and J.W. Bailey of West Point, descriptions of seventeen new species of Algae collected by the United States Exploring Expedition...]. Proceedings of the Boston Society of Natural History, 3: 370-373

Harvey W H. 1834. Notice of a collection of algae, communicated to Dr. Hooker by the late Mrs. Charles Telfair, from "Cap Malheureux", in the Mauritius; with descriptions of some new and little known species. Journal of Botany [Hooker], 1: 147-157

Harvey W H. 1849. A manual of the British marine algae: containing generic and specific descriptions of all the known British species of sea-weeds. With plates to illustrate the genera. London: John Van Voorst, i-lii, 1-252

Harvey W H. 1858. Nereis boreali-americana...Part III. Chlorospermeae. Smithsonian Contributions to Knowledge, 10(2): 1-140

Harvey W H. 1859. Phycologia Australica: or, a history of Australian seaweeds; comprising coloured figures and descriptions of the more characteristic marine algae of New South Wales, Victoria, Tasmania, South Australia, and Western Australia, and a synopsis of all Known australian algae. Vol. 2. London: Lovell Reeve & Co., [i]-viii, pls. LXI-CXX (with text).

Harvey W H. 1860. Characters of new algae, chiefly from Japan and adjacent regions, collected by Charles Wright in the North Pacific Exploring Expedition under Captain James Rodgers. Proceedings of the American Academy of Arts and Sciences, 4: 327-335

Hauck F. 1884. Die Meeresalgen Deutschlands und Österreichs. In: Rabenhorst L Eds, Kryptogamen-Flora von Deutschland, Österreich und der Schweiz, Zweite Auflage. Vol. 2. Leipzig: Euard Kummer, 321-512

Hauck F. 1885. Die Meeresalgen Deutschlands und Österreichs. In: Rabenhorst L Eds, Kryptogamen-Flora von Deutschland, Österreich und der Schweiz. Zweite Auflage. Vol. 2. Leipzig: Eduard Kummer, 513-575

Heydrich F. 1892. Beiträge zur Kenntniss der Algenflora von Kaiser-Wilhelms-Land (Deutsch-Neu-Guinea). Berichte der deutsche botanischen Gesellschaft, 10: 458-485

Heydrich F. 1907. Einige algen von den Loochoo-oder Riu-Kiu-Insein (Japan). Berichte der deutsche botanischen Gesellschaft, 25(3): 100-108

Hillis L W. 1959. A revision of the genus *Halimeda* (Order Siphonales). Publications of the Institute of Marine Science, University of Texas, 6: 321-403

Hillis-Colinvaux L. 1980. Ecology and taxonomy of *Halimeda*: primary producer of coral reefs. Advances in Marine Biology, 17: 1-327

Holmes E M. 1896. New marine algae from Japan. Journal of the Linnean Society of London, Botany, 31: 248-260

Howe M A. 1904. Notes on Bahaman algae. Bulletin of the Torrey Botanical Club, 31: 91-100

Howe M A. 1905. Phycological studies-II. New Chlorophyceae, new Rhodophyceae and miscellaneous notes. Bulletin of the Torrey Botanical Club, 32: 563-586

Howe M A. 1907. Phycological studies-III. Further notes on *Halimeda* and *Avrainvillea*. Bulletin of the Torrey Botanical Club, 34: 491-516

Howe M A. 1909. Phycological studies-IV. The genus *Neomeris* and notes on other Siphonales. Bulletin of the Torrey Botanical Club, 36: 75-104

Howe M A. 1914. The marine algae of Peru. Memoirs of the Torrey Botanical Club, 15: 1-185

Howe M A. 1918. Class 3. Algae//Britton N L. Flora of Bermuda (illustrated). New York: Charles Scribner's Sons, 489-540

Huang S F, Chang J S. 1999. New marine algae to Taiwan. Taiwania, 44(3): 345-354

Huang S F, Lu C K, 2006. *Dasycladus vermicularis* (Scopili) Krasser (Chlorophyta, Dasycladales, Dasycladaeae), a new record in Taiwan. Taiwania, 51(4): 279-282

Huang S F. 1999. Marine algae of Kuei-Shan Dao, Taiwan. Taiwania, 44(1): 49-71

Hudson W. 1778. Flora anglica; exhibens plantas per regnum Britanniæ sponte crescentes, distributas secundum systema sexuale: cum differentiis specierum, synonymis auctorum, nominibus incolarum, solo locorum, tempore florendi, officinalibus pharmacopæorum. Tomus II. Editio altera, emendata et aucta.. Londini [London]: impensis auctoris: prostant venales apud J. Nourse, in the Strand, 335-690

Isaac W E, Y M Chamberlain. 1958. Marine algae of Inhaca Island and of the Inhaca Peninsula. II. Journal of South African Botany, 24: 123-158

Isaac W E. 1967. Marine botany of the Kenya coast 1. A first list of Kenya marine algae. Journal of East Africa Natural History Society, 26(2): 75-83

Itono H. 1973. Notes on marine algae from Hateruma Island, Ryukyu. The Botanical Magazine, Tokyo, 86(1003): 155-168

Iyengar M O P. 1938. On the structure and life-history of *Pseudovalonia forbesii* (Harvey) Iyengar (Valonia forbesii Harvey). The Journal of the Indian Botanical Society, 17(2,3): 191-194

Jaasund E. 1977. Marine algae in Tanzania. VIII. Botanica Marina, 20: 509-520

Joly A B, Cordeiro-Marino M, Ugadim Y, Yamaguishi-Tomita N, Pinheiro F C. 1965. New marine algae from Brazil. Arquivos da Estação de Biologia Marinha da Universidade Federal do Ceará, 5: 79-92

Jones R, Kraft G T. 1984. The genus *Codium* (Codiales, Chlorophyta) at Lord Howe Island (N. S. W.). Brunonia, 7: 253-276

Kemperman T C M , Stegenga H. 1983. A new *Caulerpa* species (Caulerpaceae, Chlorophyta) from the Caribbean side of Costa Rica, C. A. Acta Botanica Neerlandica 32: 271-275

Kjellman F R. 1897. Marina chlorophyceer från Japan. Bihang til Kongliga Svenska Vetenskaps-Akademiens Handlingar, 23(Afd. III, 11): 1-44

Kobara T, Chihara M. 1980. Laboratory culture and taxonomy of two species of *Halicystis* (Class Chlorophyceae) in Japan. Japanese Journal of Phycology, 28: 211-217

Kobara T, Chihara M. 1984. Laboratory culture and taxonomy of two species of *Pedobesia* (Bryopsidales, Chlorophyceae) in Japan. Botanical Magazine, Tokyo, 97(2): 151-161

Kobara T, Chihara M. 1995. Laboratory culture and taxonomy of *Bryopsis* (Class Ulvophyceae) in Japan. I. *Bryoipsis triploramosa*, sp. nov.. Journal of Japanese Botany, 70: 181-186

Kornmann P. 1938. Zur Entwicklungsgeschichte von Derbesia und Halicystis. Planta, 28: 464-470

Koster J T. 1937. Algues marines des îlots Itu-Aba, Sand Caye et Nam-Yit, situés à l'ouest de l'île Palawan (Philippines). Blumea Suppl, 1: 219-228

Kraft G T, Wynne M J. 1996. Delineation of the genera *Struvea* Sonder and *Phyllodictyon* J.E. Gray (Cladophorales, Chlorophyta). Phycological Research, 44: 129-143

Kraft G T. 1986. The green algal genera *Rhipiliopsis* A. & E.S. Gepp and *Rhipiella* gen. nov. (Udoteaceae, Bryopsidales) in Australia and the Philippines. Phycologia 25: 47-72

Kuckuck P. 1907. Anhandlung über Meeresalgen. 1. Über den Bau und die Fortpflanzung von Halicystis Areschoug und Valonia

Ginnani. Botanische Zeitung 65(Abt. 1): 139-185

Kützing F T T. 1849. Species Algarum. Leipzig, VI: 1-922

Kützing F T T. 1866. Tabulae Phycologicae oder Abbildungen der Tange. Vol. XVI. Nordhausen: Gedruckt auf kosten des Verfassers (in commission bei W. Köhne), 1-35

Kützing F T. 1843. Phycologia generalis oder Anatomie, Physiologie und Systemkunde der Tange ... Mit 80 farbig gedruckten Tafeln, gezeichnet und gravirt vom Verfasser. Leipzig: F.A. Brockhaus, part 1: i-xxxii, 1-142, part 2: 143-458

Kützing F T. 1847. Diagnosen einiger neuen ausländischen Algenspecies, welche sich in der Sammlung des Herrn Kammerdirectors Klenze in Laubach befinden. Flora, 30: 773-776

Kützing F T. 1854. Tabulae phycologicae; oder, Abbildungen der Tange. Vol. IV. Nordhausen: Gedruckt auf kosten des Verfassers (in commission bei W. Köhne), i-xvi, 1-23

Kützing F T. 1856. Tabulae phycologicae; oder, Abbildungen der Tange. Vol. VI. Nordhausen: Gedruckt auf kosten des Verfassers (in commission bei W. Köhne), i-iv, 1-35

Kützing F T. 1857. Tabulae phycologicae; oder, Abbildungen der Tange. Vol. VII. Nordhausen: Gedruckt auf kosten des Verfassers (in commission bei W. Köhne), i-ii, 1-40

Lamarck J B P A. 1813. Sur les polypiers empâtés. Annales du Muséum d'Histoire Naturelle, Paris, 20: 294-312, 370-386, 432-458

Lamouroux J V F, Bory de Saint-Vincent J B, Eudes-Deslongchamps J A. 1824. Encyclopédie méthodique. Histoire naturelle des zoophytes ou animaux Rayonnés. Paris: Veuve Agasse, i-viii, 1-819

Lamouroux J V F. 1809. Observations sur la physiologie des algues marines, et description de cinq nouveaux genres de cette famille. Nouveau Bulletin des Sciences, par la Société Philomathique de Paris, 1: 330-333

Lamouroux J V F. 1812. Extrait d'un mémoire sur la classification des Polypiers coralligènes non entièrement pierreux. Nouveaux Bulletin des Sciences, par la Société Philomathique de Paris, 3: 181-188

Lamouroux J V F. 1816. Histoire des polypiers coralligènes flexibles, vulgairement nommés zoophytes. Caen: De l'imprimerie de F. Poisson, i-lxxxiv, 1-560

Lawson G W. 1980. A check-list of East African seaweeds (Djibouti to Tanzania). Lagos, Nigeria: Department of Botanical Sciences, University of Lagos, 1-66

Lee K Y. 1964. Some studies on the marine algae of Hong Kong. I. Cyanophyta, Chlorophyta and Phaeophyta. New Asia College Academic Annual, 6: 27-79

Lee Y. 2008. Marine algae of Jeju. Seoul: Academy Publication, i-xvi, 1-477

Lewis J E, Norris J N. 1987. A history and annotated account of the benthic marine algae of Taiwan. Smithsonian Contributions to Marine Sciences, 29: i-iv, 1-38

Linnaeus C. 1758. Systema naturae per regna tria naturae, secundum classes, ordines, genera, species, cum characteribus, differentiis, synonymis, locis. Tomus I. Editio decima, reformata. Editio decima revisa. Vol. 1. Holmiae [Stockholm]: impensis direct. Laurentii Salvii, i-iv, 1-823

Littler D S, Littler M M. 2003. South Pacific Reef Plants. A diver's guide to the plant life of the South Pacific Coral Reefs. Washington, DC: OffShore Graphics, Inc, 1-331

Lyngbye H C. 1819. Tentamen hydrophytologiae danicae continens omnia hydrophyta cryptogama Daniae, Holsatiae, Faeroae, Islandiae, Groenlandiae hucusque cognita, systematice disposita, descripta et iconibus illustrate, adjectis simul speciebus norvegicis. Hafniae [Copenhagen]: typis Schultzianis, in commissis Librariae Gyldendaliae, i-xxxii, 1-248

MacRaild G N, Womersley H B S. 1974. The morphology and reproduction of *Derbesia clavaeformis* (J. Agardh) DeToni

(Chlorophyta). Phycologia, 13: 83-93

Martens G V. 1866. Die Tange//Die Preussische Expedition nach Ost-ASien. Nach amtlichen Quellen. Botanischer Theil. Berlin: Verlag de Königlichen Geheimen Ober-Hofbuchdruckerei (R.Y. Decker), 1-152

Meñez E G, Calumpong H P. 1982. The genus *Caulerpa* from Central Visayas, Philippines. Smithsonian Contributions to the Marine Sciences, 17:1-21

Meñez E G. 1960. The marine alge of the Hundred Islands, Philippines. Phili. Jour. Sci., 90(1): 37-86

Montagne C. 1837. Centurie de plantes cellulaires exotiques nouvelles. Annales des Sciences Naturelles, Botanique, Seconde série, 8: 345-370

Montagne C. 1842. Prodromus generum specierumque phycearum novarum, in itinere ad polum antarcticum...ab illustri Dumont d'Urville peracto collectarum, notis diagnosticis tantum huc evulgatarum, descriptionibus verò fusioribus nec non iconibus analyticis iam iamque illustrandarum. Parisiis [Paris]: apud Gide, editorem, 1-16

Montagne C. 1844. Plantae cellulares quas in insulis Philippinensibus a cl. Cuming collectae recensuit, observationibus non nullis descriptionibusque illustravit C. Montagne D M. London Journal of Botany, 3: 658-662

Montagne C. 1845. Plantes cellulaires. In: Hombron J B & Jacquinot H Eds, Voyage au Pôle Sud et dans l'Océanie sur les corvettes l'Astrolabe et la Zelée...pendant les années 1837-1838-1839-1840, sous le commandement de M.J. Dumont-d'Urville. Botanique.Vol. 1Paris: Gide et Cie, Éditeurs, i-xiv, 1-349

Montagne C. 1857. Huitième centurie de plantes cellulaires nouvelles, tant indigènes qu'exotiques. Décades IV et V. Annales des Sciences Naturelles, Botanique, Serie, 47: 134-153

Munier-Chalmas E. 1877. Observations sur les algues calcaires appartenant au groupe des Siphonées verticillées (Dasycladées Harv.) et confondues avec les Foraminifères. Compte Rendu Hebdomadaire des Séances de l'Académie des Sciences. Paris, 85: 814-817

Murray G, Boodle L A. 1889. A systematic and structural account of the genus Avrainvillea Decne. Journal of Botany, British and Foreign, 27: 67-72, 97-101

Murray G. 1886. On a new species of *Rhipilia* (R. andersonii) from Mergui Archipelago. Transactions of the Linnean Society of London, Second Series, Botany, 2: 225-227

Murray G. 1887. Catalogue of Ceylon algae in the herbarium of the British Museum. Annals and Magazine of Natural History, Series 5, 20: 21-44.

Murray G. 1889. On Boodlea, a new genus of Siphonocladaceae. Journal of the Linnean Society, Botany, 25: 243-245

Murray G. 1893. On *Halicysts* and *Valonia*. Phycol. Mem, 2: 47-52

Nägeli C. 1847. Die neuern Algensysteme und Versuch zur Begründung eines eigenen Systems der Algen und Florideen. Zurich: in Kommission bei Friedrich Schulthess, 1-275

Nascimento Moura C W. do, Romualdo de Almeida W, Araújo dos Santos A, Cosme de Andrade Junior J, Miranda Alves A, Moniz-Brito K L. 2014. Polyphysaceae (Dasycladales, Chlorophyta) in Todos os Santos Bay, Bahia, Brazil. Acta Botanica Brasilica, 28(2): 147-164

Nasr A H. 1944. Some new algae from the Red Sea. Bulletin de l'Institut d'Égypte, 26: 31-42

Nguyen H D & Huynh Q N. 1993. Rong bien Viet Nam (Marine algae of North Vietnam). Hanoi: Nha xuat ban KH-KT, 1-364

Nizamuddin M. 1964. The life history of *Acetabulariamobii* Solms-Laubach. Annals of Botany Ser, 2, 28: 77-81

Noda M. 1966. Marine algae of north-eastern China and Korea. Science Reports of Niigata University Series D (Biology), 3: 19-85

Okamura K. 1897. On the algae from Ogasawara-jima (Bonin Islands). Botanical Magazine, Tokyo 11: 1-10, 11-17

Okamura K. 1902. Nippon Sorui-meii [Book listing Japanese Algae]. Tokyo: Keigyosha, i-vi, 1-276

Okamura K. 1908. Icones of Japanese Algae. Vol. I. Tokyo: published by the author, 179-208, pls. XXXVI-XL

Okamura K. 1913a. Icones of Japanese algae. Vol. III. Tokyo: published by the author, 1-77, pls. CI-CXX

Okamura K. 1913b. Icones of Japanese algae. Vol. III. Tokyo: published by the author, 79-121, pls. CXXI-CXXX

Okamura K. 1931. On the marine algae from Kôtôsho (Botel Tobago). Bulletin of the Biogeographical Society of Japan, 2(2): 95-122

Okamura K. 1932. Icones of Japanese algae. Vol. VI. Tokyo: published by the author, 63-101 (English), 61-96 (Japanese), pls. CCLXXXI-CCC

Okamura K. 1936. Nippon kaisô shi [Descriptions of Japanese algae]. Tokyo: Uchidarokakuho, 1-964

Okamura K. 1942. Icones of Japanese algae. Vol. VII. Tokyo: published by the author, 81-116 (English), 1-41 (General Index)

Olsen J L, West J A. 1988. *Ventricaria* (Siphonocladales-Cladophorales complex, Chlorophyta), a new genus for *Valonia ventricosa*. Phycologia, 27: 103-108

Olsen-Stojkovich J. 1985. A systematic study of the Genus *Avrainvillea* Decaisne (Chlorophyta, Udoteaceae). Nova Hedwigia, 41: 1-68

Oltmanns F. 1904. Morphologie und Biologie der Algen. Erster Band. Spezieller Teil. Jena: Verlag von Gustav Fischer, i-vi, 1-733

Papenfuss G F. 1958. Notes on algal nomenclature. IV. Various genera and species of Chlorophyceae. Phaeophyceae and Rhodophyceae. Taxon, 7: 104-109

Pascher A. 1931. Systematische Uebersicht U"ber die mit Flagellaten in Zusammenhang stehenden Algenreihen und Versuch ciner einer Einreihung dieser Algensta" mme in die Stamme des Pflanzenreiches.Bot. Centralbl. Beih, 48: 317-332

Payri C E. 1985. Contribution to the knowledge of the marine benthic flora of La Reunion Island, Mascareignes Archipelago, Indian Ocean. Proc. Int. Coral Reef Congress, 56: 635-640

Pham-Hoàng H. 1969. Rong biên Viêtnam (Marine algae of South Vietnam). Ministry of Education and Youth, Saigon, i-vi, 1-558

Phang S M, Yeong H Y, Ganzon-Fortes E T, Lewmanomont K, Prathep A, Hau L N, Gerung G S, Tan K S. 2016. Marine algae of the South China Sea bordered by Indonesia, Malaysia, Philippines, Singapore, Thailand and Vietnam. Raffles Bulletin of Zoology (Supplement), 34: 13-59

Piccone A. 1884. Crociera del Corsaro alle Isole Madera e Canarie del Capitano Enrico d'Albertis. Alghe. Genova [Genoa]: Tipografia del r. Istituto Sordo-Muti, 3-60

Prud'Homme van Reine W F, Lokhorst G M. 1992. *Caulerpella* gen. nov. a non-holocarpic member of the Caulerpales (Chlorophyta). Nova Hedwigia, 54: 113-126

Quoy J R C, Gaimard P. 1824. Zoologie//De Freycinet L. Voyage autour du monde ... sur les corvettes ... l'Uranie et la Physicienne, pendant les années 1817, 1818, 1819 et 1820. Paris: chez Pilet Aìné, imprimeur-libaraire, rue Christine, no. 5, i-vi, 1-713

Reinbold T. 1901. Marine algae (Chlorophyceae, Phaeophyceae, Dictyotales, Rhodophyceae)//Schmidt J. Flora of Koh Chang. Contributions to the knowledge of the vegetation in the Gulf of Siam. Part IV. Botanisk Tidsskrift, 24: 187-201

Reinbold T. 1905. Einige neue Chlorophyceen aus dem Ind. Ocean (Niederl. Indien), gesammelt von A. Weber-van Bosse. Nuova Notarisia, 16: 145-149

Rhyne C F, Robinson H. 1968. Struveopsis, a new genus of green algae. Phytologia, 17: 467-472

Roth A G. 1806. Catalecta botanica quibus plantae novae et minus cognitae describuntur atque illustrantur. Fasc. 3. Lipsiae [Leipzig]: Io. Fr. Gledischiano, i-viii, 1-350

Roth A W. 1797. Catalecta botanica quibus plantae novae et minus cognitae describuntur atque illustrantur. Fasc. 1. Lipsiae [Leipzig]: in Bibliopolo I.G. Mülleriano, i-viii, 1-244

Round F E. 1963. The taxonomy of the Chlorophyta. British Phycological Bulletin, 2: 224-235

Ruggiero M A, Gordon D P, Orrell T M, Bailly N, Bourgoin T, Brusca R C, Cavalier-Smith T, Guiry M D, Kirk P M. 2015. A higher level classification of all living organisms. PLoS One, 10(4): e0119248

Saraya A, Trono G C Jr. 1980. The marine benthic algae of Santiago Island and adjacent areas in Bolinao, Pangasinan, I: Cyanophyta, Chlorophyta and Phaeophyta. Natural and Applied Science Bulletin, University of the Philippines, 31: 1-59

Sartoni G. 1976. Researches on the coast of Somalia. The shore and dune of Sar Uanle. 6. A study of the benthonic algal flora. Monitore Zoologico Italiano Ser. 2, Suppl, 7: 115-143

Schaffner J H. 1922. The classification of plants. XII. Ohio Journal of Science, 22: 129-139

Schmidt O C. 1923. Beiträge zur Kenntnis der Gattung Codium Stackh. Bibliotheca Botanica, 23(91): [iv], 1-68

Schmitz F. 1879. Über grüne Algen im Golf von Athen. Berichte der Sitzungen der Naturforschenden Gesellschaft zu Halle, 1878: 17-23

Schnetter R, Bula Meyer G. 1982. Marine Algen der Pazifikküste von Kolombien. Chlorophyceae, Phaeophyceae, Rhodophyceae. Bibliotheca Phycologica, 60: [i]-xvii, [1]-287

Schramm A, Mazé H. 1865. Essai de classification des algues de la Guadeloupe. Basse Terre, Guadeloupe: Imprimerie du Gouvernement, i-ii, 1-52

Schussnig B. 1930. Phykologische Beiträge III. Österreichische Botanische Zeitschrift, 79: 333-339

Scopoli J A. 1772. Flora carniolica exhibens plantas carniolae indigenas et distributas in classes naturales cum differentiis specificis, synonymis recentiorum, locis natalibus, nomimbus incolarum, observationibus selectis, viribus tredicis. Editio secunda aucta et reformata. Vol. 2. Viennae [Vienna]: sumptibus Joannis Thomae Trattner, 1-496

Setchell W A, Gardner N L. 1920. The marine algae of the Pacific coast of North America. Part II. Chlorophyceae. University of California Publications in Botany, 8: 139-374

Setchell W A, Gardner N L. 1924. New marine algae from the Gulf of California. Proceeding of the California Academy of Science, Series 4, 12: 695-949

Setchell W A. 1899. Algae of the Pribilof Islands// Department of the Treasury, USA. Fur Seals and Fur-Seal Islands of the North Pacific Ocean. Special papers relating to the fur seal and to the natural history of the Pribilof Islands. Part 3. Government Printing Office edition, 589-596

Setchell W A. 1926. Tahitian Algae collected by W A Setchell, C B Setchell and H E Parks. University of California Publications in Botany, 12(5): 61-142

Shen Y F, Fan K C. 1950. Marine algae of Formosa. Taiwania, 1: 317-345

Silva P C, Basson P W, Moe R L. 1996. Catalogue of the benthic marine algae of the Indian Ocean. University of California Publications in Botany, 79: 1-1259

Silva P C, Meñez E G, Moe R L. 1987. Catalog of the benthic marine algae of the Philippines. Smithsonian Contributions to Marine Sciences Number, 27. Washington: Smithsonian Institution Press, 1-156

Silva P C. 1952. *Codium* Stackhouse. In: Egerod L E Eds, An analysis of the siphonous Chlorophycophyta, with special reference to the Siphonocladales, Siphonales and Dasycladales of Hawaii. Vol. 25. Berkeley: University of California Publications in Botany, 381-395

Smith G M. 1944. Marine algae of the Monterey Peninsula. Stanford: Stanford University Press, 1-622

Smith G M. 1955. Cryptogamic Botany. Vol. 1. New York: McGraw-Hill, ix, 546

Solier A J J. 1846. Sur deux algues zoosporées formant le nouveau genre Derbesia. Revue Botanique, Duchartre 1: 452-454

Solier A J J. 1847. Sur deux algues zoosporées devant former un genre distinct, le genre Derbesia. Annales des Sciences Naturelles,

Botanique, Troisième Série, 7: 157-166

Solms-Laubach H. 1892. Ueber die algengenera *Cymopolia*, *Neomeris* und *Bornetella*. Annales du Jardin Botanique de Buitenzorg, 11: 61-97

Solms-Laubach H. 1895. Monograph of the Acetabularieae. Transactions of the Linnean Society of London, Second Series, Botany, 5: 1-39

Sonder G. 1845. Nova algarum genera et species, quas in itinere ad oras occidentales Novae Hollandiae, collegit L. Priess, Ph. Dr. Botanische Zeitung, 3: 49-57

Sonder O G. 1846. Algae L. Agardh//Lehmann C. Plantae Preissianae sive enumeratio plantarum quas in Australasia occidentali et meridionali-occidentali annis 1838-1841 collegit Ludovicus Preiss. Vol. 2. Hamburgi [Hamburg]: sumptibus Meissneri, 148-160

Sonder O G. 1871. Die Algen des tropischen Australiens. Abh. naturw. Ver. Hamburp, 5(2): 33-74.

Sonder O G. 1880. Supplementum ad volumen undecimum Fragmentorum phytographiae Australiae, indices plantarum acotyledonarum complectens. I.-Algae australianae hactenus cognitae//Mueller F von. Fragmenta phytographiae Australiae. Melbourne: Auctoriatate Guberni Coloniae Victoriae, 1-42

South G R, de Ramon N'Yeurt A. 1993. Contributions to a catalogue of benthic marine algae of Fiji. II. *Caulerpa* and *Caulerpella* (Chlorophyta-Caulerpales). Micronesica, 26(2): 109-138

Stackhouse J. 1797. Nereis britannica; continens species omnes fucorum in insulis britannicis crescentium: descriptione latine et anglico, necnon iconibus ad vivum depictis... Fasc. 2. Bathoniae [Bath] & Londini [London]: S. Hazard; J. White, ix-xxiv, 31-70

Suringar W F R. 1867. Algarum iapoinicarum Musei botanici L.B. index praecursorius. Annales Musei Botanici Lugduno-Batavi, 3: 256-259

Svedelius N. 1906. Reports on the marine algae of Ceylon. No. 1. Ecological and systematic studies of the Ceylon species of Caulerpa. Ceylon Marine Biological Laboratory Reports, 2(4): 81-144

Tanaka T, H Itono. 1969. On the two species of *Avraivillea* from southern Japan. Mem. Fac. Fish. Kagoshima University, 18: 1-6

Tanaka T, H Itono. 1972. The marine algae from the Islands of Yonaguni-II. Mern. Foc. Fish: Kagoshima Univ, 21(1): 1-14

Tanaka T, Itono H. 1977. On two new species of Chlorophyta from southern parts of Japan. Bulletin of the Japanese Society for Phycology, 25(Suppl): 347-352

Tanaka T. 1956. Studies on some marine algae from southern Japan. II. Mem. Fac. Fish. Kagoshima Univ, 5: 103-108

Tanaka T. 1967. Some marine algae fom Batan and Camiguin Islands, Northern Philippines. I. Mem. Fac. Fish. Kagoshima University, 16: 13-27

Taylor W R. 1928. The marine algae of Florida with special reference to the Dry Tortugas. Publications of the Carnegie Institution of Washington, 379: [i-]v, [1]-219

Taylor W R. 1933. Notes on algae from the tropical Atlantic Ocean II. Papers of the Michigan Academy of Sciences, Arts and Letters, 17: 395-407

Taylor W R. 1937. Marine algae of the northeastern coast of North America. Ann Arbor: The University of Michigan Press, i-ix, 1-427

Taylor W R. 1942. Caribbean marine algae of the Allan Hancock Expedition, 1939. Allan Hancock Atlantic Expedition Report, 2: 1-193

Taylor W R. 1945. Pacific marine algae of the Allan Hancock Expeditions to the Galapagos Islands. Allan Hancock Pacific Expeditions, 12: i-iv, 1-528

Taylor W R. 1950. Plants of Bikini and other northern Marshall Islands. Ann Arbor, Mich: Xv, 277, pls. 79, frontispiece figs. 1-2

Taylor W R. 1960. Marine algae of the eastern tropical and subtropical coasts of the Americas. Ann Arbor: The University of Michigan Press, i-xi, 1-870

Taylor W R. 1962a. Two undescribed species of *Halimeda*. Bulletin of the Torrey Botanical Club, 89: 172-177

Taylor W R. 1962b. Observations on *Pseudobryopsis* and *Trichosolen* (Chlorophyceae-Bryopsidaceae) in America. Brittonia, 14: 58-65

Taylor W R. 1966. Records of Asian and Western Pacific marine algae. particularly from Indonesia and the Philippines. Pacific Science, 20: 342-359

Titlyanov E A, Titlyanova T V, Li X, Kalita T L, Huang H. 2015. Recent (2008-2012) seaweed flora of Hainan Island, South China Sea. Marine Biology Research, 11(5): 540-550

Titlyanov E A, Titlyanova T V, Xia B, Bartsch I. 2011. Checklist of marine benthic green algae (Chlorophyta) on Hainan, a subtropical island off the coast of China: comparisons between the 1930s and 1990-2009 reveal environmental changes. Botanica Marina, 54(6): 523-535

Titlyanova T V, Titlyanov E A, Kalita T L. 2014. Marine algal flora of Hainan Island: a comprehensive synthesis. Coastal Ecosystems, 1: 28-53

Titlyanova T V, Titlyanov E A, Xia B, Bartsch. I. 2012. New records of benthic marine green algae (Chlorophyta) for the island of Hainan (China). Nova Hedwigia, 94: 441-470

Trono G C Jr. 1968. The marine benthic algae of the Caroline Islands, I. Introduction, Chlorophyta and Cyanophyta. Micronesica, 4(2): 137-206

Trono G C Jr. 1975. The marine benthic algae of Bulusan and vicinity, Province of Sorsogon, I: Introduction and Chlorophyta. Kalikasan, Philippine Journal of Biology, 4: 23-41

Trono G C, Jr, Santiago A E, Ganzon-Fortes E. 1978. Notes on the genus *Acetabularia* (Chlorophyta) in the Philippines. Kalikasan, Philippine Journal of Biology, 7: 77-90

Trono G C, Jr, Young A L. 1977. Notes on the marine benthic algae of Minabalay Island, Province of Catanduanes, Philippines. Fisheries Research Journal of the Philippines, 2(2): 54-61

Tseng C K, L C Li. 1935. Some marine algae from Tsingtao and Chefoo, Shantung. Bulletin of the Fan Memorial Institute of Biology (Botany), 6(4): 183-235

Tseng C K, Wm J Gilbert. 1942. on new algae of the genus *Codium* from the South China Sea. Journal of the Washington Academy of Sciences, 32(10): 291-296

Tseng C K. 1936a. Studies on the marine Chlorophyceae from Hainan. Chinese Marine Biological Bulletin, 1(5): 129-200

Tseng C K. 1936b. On marine algae new to China. Bulletin of the Fan Memorial Institute of Biology (Botany), 7(5): 169-196

Tseng C K. 1938. Studies on the marine Chlorophyceae from Hainan. II. Lingnan Science Journal, 17(2): 141-149

Tseng C K. 1983. Common Seaweeds of China. Science Press, Beijing, China, i-x, 1-316, pls. 1-149

Vahl M. 1802. Endeel kryptogamiske Planter fra St.-Croix. Skrifter af Naturhistorie-Selskabet, Kiøbenhavn, 5(2): 29-47

Valet G. 1966. Les *Dictyosphaeria* du groupe Versluysii (Siphonocladales, Valoniacées). Phycologia, 5: 256-260

Valet G. 1968. Contribution a l'etude des Dasycladales, 1. Morphogenese. Nova Hedwigia, 16: 23-82

Vickers A, M H Shaw. 1908. Phycologia Barbadensis. Iconographie des algues marines récoltés à l'île Barbade (Antilles) (Chlorophycées et Phéophycées) par Anna Vickers. Avec texte explicatif, par Mary Helen Shaw. 93 planches coloriées dessinées par Mlles. Trottet d'après les analyses de l'auteur. Paris: P. Klincksieck, 1-44

Vickers A. 1905. Liste des algues marines de la Barbade. Annales des Sciences Naturelles, Botanique, série 9, 1: 45-66

Weber-van Bosse A. 1898. Monographie des Caulerpes. Annales du Jardin Botanique de Buitenzorg, 15: 243-401

Weber-van Bosse A. 1901. Études sur les algues de l'Archipel Malaisien. (III). Annales du Jardin Botanique de Buitenzorg, 17: 126-141

Weber-van Bosse A. 1905. Notes sur Ie genre *Dictyosphaeria*. Dec. Nuova Not, 16: 142-144

Weber-van Bosse A. 1913. Liste de algues du Siboga. I. Myxophyceae, Chlorophyceae, Phaeophyceae avec le concours de M. Th. Reinbold. Vol. 59a.Leiden: E.J. Brill, 1-186

Wille N. 1910. Conjugatae und Chlorophyceae [cont.]//Engler A, Prantl K. Die natürlichen Pflanzenfamilien ... Nachträge zum I. Teil, Abteilung 2 über die Jahre 1890 bis 1910.Leipzig: Wilhelm Engelmann: 97-136

Womersley H B S, Bailey A. 1970. Marine algae of the Solomon Islands. Philosophical Transactions of the Royal Society of London, B. Biological Sciences, 259: 257-352

Womersley H B S. 1971. New records and taxa of marine Chlorophyta in southern Australia. Transactions of the Royal Society of South Australia, 95: 113-120

Womersley H B S. 1984. The marine benthic flora of southern Australia. Part I. Adelaide: Government Printer, South Australia, 329

Wood R D, Imahori K. 1964. A revision of the Characeae. Part II. Iconograph of the Characeae. pp. 1-395. Weinheim: Verlag van J. Cramer, 1-395

Wright E P. 1879. *Neomeris*, undescribed species, shown. Quarterly Journal of Microscopical Science, Ser. 2, 19: 439

Wynne W J. 1995. Benthic marine algae from the Seychelles collected during the R/V Te Vega Indian Ocean Expedition. Contributions of the University of Michigan Herbarium, 20: 261-346

Yamada Y, Tanaka T. 1938. the marine algae from the Islands of Yonakuni. Scientific Papers of the Institute of Algological Research, Faculty of Science, Hokkaido Imperial University, 2(1): 53-86

Yamada Y. 1925. Studien über die meeresalgen von der Insel Formosa. 1. Chlorophyceae. Botanical Magazine, Tokyo, 39(460): 77-95

Yamada Y. 1928. Report on the biological survey of Mutsu Bay, 9. Marine algae of Mutsu Bay and adjacent waters. II. Scientific Reports of the Tôhoku Imperial University, Biology, 3: 497-534

Yamada Y. 1932. Notes on some Japanese algae IV. Journal of the Faculty of Science, Hokkaido Imperial University, Series 5, 2: 267-276

Yamada Y. 1933. Notes on some Japanese algae, V. Journal of the Faculty of Science, Hokkaido Imperial University, 2(3): 277-285

Yamada Y. 1934. The marine Chlorophyceae from Ryukyu, especially from the vicinity of Nawa. Journal of the Faculty of Science, Hokkaido Imperial University Ser, 53: 33-88

Yamada Y. 1941. Notes on some Japanese algae IX. Scientific Papers of the Institute of Algological Research, Faculty of Science, Hokkaido Imperial University, 2: 195-215

Yamada Y. 1944a. Notes on some Japanese algae X. Scientific Papers of the Institute of Algological Research, Faculty of Science, Hokkaido Imperial University, 3(1): 11-25

Yamada Y. 1944b. New Caulerpas and Halimedas from Micronesia. Scientific Papers of the Institute of Algological Research, Faculty of Science, Hokkaido Imperial University, 3: 27-29

Yamada Y. 1950. A list of marine algae from Ryukyusho, Formosa. I. Scientific Papers of the Institute of Algological Research, Faculty of Science, Hokkaido Imperial University, 3(2): 173-194

Yamada Y. 1961. Two new species of marine algae from Japan. Bulletin of the Research Council of Israel, Section D, Botany, 10(D): 121-125

Yendo K. 1915. Notes on algae new to Japan. III. Botanical Magazine, Tokyo, 29: 99-117

Yendo K. 1916. Notes on algae new to Japan. IV. Botanical Magazine, Tokyo, 30: 47-65

Yendo K. 1917. Notes on algae new to Japan. VI. Botanical Magazine, Tokyo, 31: 75-95

Yendo K. 1920. Novae Algae Japoniae Decas I-III. Botanical Magazine, Tokyo, 34(397): 1-12

Yoshida T. 1998. Marine algae of Japan. pp. 25+1222. Tokyo: Uchida Rokakuho Publishing

Zanardini G. 1878. Phyceae papuanae novae vel minus cognitae a cl. O. Beccari in itinere ad Novam Guineam annis 1872-75 collectae. Nuovo Giornale Botanico Italiano, 10: 34-40

Zanardini J. 1858. Plantarum in mari rubro hucusque collectarum enueratio (juvante A. Figari). Memoirie del Reale Istituto Veneto di Scienze, Lettere ed Arti, 7: 209-309

中 名 索 引

学 名 索 引

（Q-4945.31）

ISBN 978-7-03-073551-5

9 787030 735515 >

定价：268.00 元

图　版

1. 布多藻 *Boodlea composita*；2. 香蕉菜 *Boergesenia forbesii*；3. 腔刺网球藻 *Dictyosphaeria spinifera*；

4. 刺松藻 *Codium fragile*；5. 总状蕨藻 *Caulerpa racemosa*；6. 瘤枝藻 *Tydemania expeditionis*；7. 环蠕藻

Neomeris annulata；8. 伞藻 *Acetabularia calyculus*

图版 II

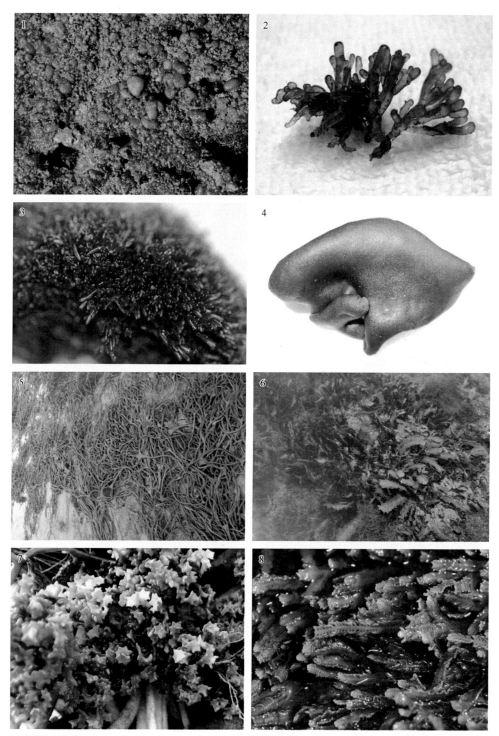

1. 实刺网球藻 *Dictyosphaeria versluysii*；2. 法囊藻 *Valonia aegagropila*；3. 指枝藻 *Valoniopsis pachynema*；4. 阿拉伯松藻 *Codium arabicum*；5. 长松藻 *Codium cylindricum*；6. 棒叶蕨藻 *Caulerpa sertularioides*；7. 齿形蕨藻 *Caulerpa serrulata*；8. 杉叶蕨藻 *Caulerpa taxifolia*

1. 薄叶钙扇藻 *Udotea tenuifolia*；2. 脆叶钙扇藻 *Udotea fragilifolia*；3. 西沙钙扇藻 *Udotea xishaensis*；
4. 肾形钙扇藻 *Udotea reniformis*；5. 茸毛钙扇藻 *Udotea velutina*；6. 韧皮钙扇藻 *Udotea tenax*

图版 IV

1. 中间叶网藻 *Phyllodictyon intermedium*；2. 无隔拟刚毛藻 *Cladophoropsis vaucheriaeformis*；3. 带状仙掌藻 *Halimeda taenicola*；4. 西沙仙掌藻 *Halimeda xishaensis*；5. 育枝拟扇形藻 *Rhipiliopsis prolifera*；6. 偏列羽藻 *Bryopsis harveyana*；7. 羽藻 *Bryopsis plumosa*；8. 极小短柄藻 *Parvocaulis parvulus*